植物科学绘画+自然教学法

之 蔷薇三姐妹

孙英宝　李振基　主编

图书在版编目(CIP)数据

植物科学绘画+自然教学法之蔷薇三姐妹 / 孙英宝，李振基主编.
--北京：中国林业出版社，2020.7
ISBN 978-7-5219-0692-9

Ⅰ. ①植… Ⅱ. ①孙… ②李… Ⅲ. ①植物—绘画技法—教材
②自然教育—教材 Ⅳ. ①J211.27②G40-02

中国版本图书馆CIP数据核字（2020）第131688号

中国林业出版社·自然保护分社（国家公园分社）
策划编辑：刘家玲
责任编辑：肖 静 甄美子

出版 中国林业出版社（100009 北京市西城区德内大街刘海胡同 7 号）
http://www.forestry.gov.cn/lycb.html 电话：（010）83143577、83143616
印刷 河北京平诚乾印刷有限公司
版次 2020 年 11 月第 1 版
印次 2020 年 11 月第 1 次印刷
开本 889mm × 1194mm 1/16
印张 5.5
字数 170 千字
定价 60.00 元

热爱大自然，
学习大自然

王文采
2015年4月12日

编辑委员会

主　编：孙英宝　李振基

副主编：陈　丽　吴道源　张　杨

编　委：刘　宁　张培艳　王垚西　孙禹宣

审　校：林秦文　叶建飞

序言

科学绘画有魅力，生态游戏有趣味

认识孙英宝老师是在中国园林博物馆举办的冬令营，我的儿子正好是小营员，我作为家长参加结营仪式。当天我就被植物科学绘画深深地吸引了，也被孙老师的精湛技艺和科学精神所感染。后来，我盛情邀请他到我们学校讲座、开课，把植物科学绘画的理念、方法一点点渗透到园林专业师生的学习生活之中。

孙老师中等身材，说话耿直，时常一身户外休闲装，浑身透着山东人的爽朗和大气。你看他大大咧咧，可是作起画来毫不含糊。仔细看他的画，方寸之内，不仅能画出非常丰富的内容，而且还栩栩如生，让人不得不佩服他画工扎实。孙老师讲课也非常敬业，无论多大的场子，什么年龄段的学员，他都能以实力赢得大家的认可。一句话，孙老师是个实在人。

实人干实事。他几十年磨一剑，率先对全国自然教育状况进行了调研，并就自然教育市场存在的乱象提出了对策，举办了首次全国性的自然科普教育发展高峰论坛，开展了自然教育科学体系化课程设计与在地化应用合作发布会，旨在整体提升自然教育的发展水平，增强自然教育的科学性和教育功能。一步一步走来，孙老师让我们看到了热爱自然的力量。

不久前，孙老师的团队把《植物科学绘画+自然教学法之蔷薇三姐妹》的草稿拿给我看，并邀请我作序。我着实吃了一惊，一是怀疑自己是否有给别人作序的分量和能力，二是对孙老师“蔷薇三姐妹”系列课程开发意图不解其意。拿到稿子时正值期末，琐事缠身，不得片刻闲暇，可是蔷薇三姐妹这事儿却一直如影随形，时刻在脑海中萦绕。暑期终于有大把儿时间静读文字，揣度其意。我认真阅读了3遍，决定还是抖着胆子给大家说说我对此课程的浅显看法。

首先，“泛知识，活模块”的课程开发理念具有良好的适用性。如果把“蔷薇三姐妹”作为一个课程模块来看待，以后还会有“牡丹与芍药”“睡莲与荷花”等课程模块推出。这个内容的选择既体现了植物的科学性，同时也不失实用性，能为许多植物“脸盲症”的人解惑。而且，这样的模块设置可以方便将植物科学绘画作为一个任务嵌入到相关的自然科普教育活动中。这当是其“活模块”的意义所在。那么“泛知识”呢，我认为主要体现在“延伸知识”的内容上。例如，讲到玫瑰的根，就恰到好处地给出植物根的分类知识，这个极其符合人们的学习探究思维。所以，学习蔷薇三姐妹你得到的不只有三姐妹本身，更重要的是还能自然而然地收获很多植物科学知识。

其次，植物科学绘画实践指导体现系统性和完整性。课程在普适性专业知识介绍之后，按照茎、叶、花、果实的顺序设置了植物科学绘画的分类指导。这样的分类有助于学习者由局部到整体把握植物特点，从而卓有成效地绘制一幅完整的植物科学绘画。而且课程设计者还给出了不同部位的科学观察体验方式，有观察、轻触、解剖、嗅闻等方式，指导学习者打开感官，通过眼、耳、鼻、舌、身、意来感知植物特性。

第三，原创植物生态游戏极具趣味性。益智游戏、彩泥手工、观察笔记、数学矩阵、科学统计等互动游戏将植物科学绘画与多元智能培养相结合，有助于激发学习者的参与体验积极性，帮助学习者全身心地融入自然教育活动之中。

第四，敢为天下先者必承其重。孙老师及其团队以植物科学绘画为切入点开发自然科普教育模块化课程，为各类自然科普教育者、教育机构提供优质课程服务，这是勇者的行为，是敢为天下先。当然也一定会存在这样或那样的不足，然而敢于亮剑、勤于实践的精神当为世人所钦佩。我们大多应该秉持发展的辩证的眼光看待之，呵护之。

诚然，孙老师及其团队在自然教育领域耕耘多年，理当是专家中的专家，我只是其门下仰慕者、追随者。以上仅是个人愚见，不妥之处敬请大家雅正。

张培艳

2019年7月

前言

植物科学绘画与自然教育的完美邂逅

自然，是人类与其他众多生物赖以生存的生活环境，也是生命健康存在的根基。对于人类来讲，自然更是文化和知识的宝库。我们的祖先在对自然的认知与历代繁衍生息过程中，不仅与自然和其他的生物建立了很好的共存关系，还记录和保留了很多在自然中的生存感悟与研究成果，为子孙后代的健康生存积累了很多宝贵的学习资料。例如，我国第一部诗歌总集《诗经》对自然和植物的崇拜与精彩的文学表现；李时珍编写的《本草纲目》中对植物在医药方面的应用记载与传世指导；清朝吴其濬编著的《植物名实图考》对植物分类学方面的研究和展示；《中国植物志》及各地方志书对自然界植物的科学研究整合、研究、记录与广泛应用等。这些深深地影响和引导着后人对自然的认知和文化的传承，告知后人生命健康的存在具有很重要的指导和引领方式。可以说人类的生命成长与文化生活，从古至今一直在多样化的自然教育中进行。例如，要了解人类与植物的关系，不仅要知道衣、食、住、行、身心健康、文化知识和娱乐生活等方面都与植物有着非常密切的关系，还要知道如何去传承和应用。所以说，人类的生命离不开大自然，更离不开植物。但时至今日，人类对自然界和植物的认知和理解，仅局限于外形、颜色和如何应用，对植物的生命却认知甚少，原因是自然教育的方式、方法和内容均出现了问题。

在自然界中，与人类生活紧密相关的植物家族，既物种繁多又形态多样，它们表面看似原地静止不动、任人宰割，其实这是一种静态的生命存在形式，更是一种忍耐、包容与充满智慧的生活方式，关键是人类的存在无时无刻不依赖于植物。所以，植物的生命充满了神奇，这也是从古至今，众多本草学家和科学家们一直在研究植物的存在，以及解析生命密码的原因。长期的科学研究发现，大部分植物的整体可以分为营养器官（根、茎和叶片）和生殖器官（花、果实和种子）两大类。每个器官结构都拥有独特的智慧与功能，联合在一起就形成了一个完美的生命智慧共同体。然而，植物所拥有的生存智慧，只有经过多年的深入研究、发现和感悟之后才能获得，也唯有通过植物科学绘画的形式才能进行真实而完美的展现。所以，植物科学绘画的表现形式既是一个科普的展示和认知过程，也是很有效的自然教育过程。认知和了解到植物的智慧之后，大家就会因此对植物产生好奇和深入探索的欲望，再结合古人对自然的研究与生存的指导，就会对自然产生敬畏之心，进而去热爱自然、保护自然，由衷地去保护我们的环境和赖以生存的地球。

在高科技、生活、城市与乡镇建设快速发展的今日，人类赖以生存的自然环境和食物在不断遭受着各种破坏与污染。尤其居住在城市内的人们，所生活的环境已经被水泥和钢铁等与自然隔离了，不能直接地去认知和接触自然。所以，导致孩子们和成长中的年轻人，以及年轻的家长们，都出现了自然缺失症，不仅对自然无敬，对人对事无畏，还对与我们人类生命与生活紧密相关的重要元素一无所知。这是因为人类盲目追求物质发展，而疏忽了生命存在的健康本质，把先辈们所传承的与自然的相处之道以及生存的智慧、技能与自然教育方法忘记和丢之弃尽。故而，国家开始重视生态环境保护与自然教育的发展。但由于缺乏健康的引领和盲目地学习与引进西方等国家的各类自然教育内容，使中国的自然教育发展出现了比较混乱的场面。那么，该如何去引领大家走进自然、认识自然、研究自然与保护自然，如何去做出真正的拥有中国特色的自然教育内容和传授方式，就是我们当前正在研究和实践的系列所拥有的特色和生命力的内容。

“植物科学绘画+自然教学法”是以自然天地为学堂，植物的生存智慧为切入点；以科学为引领，国学为根基，博物学为辅助；以科学与艺术相结合为主要传授方法；以学校和生态社区为实践阵地，研究与创新出成体系、健康而可持续的科学绘画系列自然教育内容，引导与启发孩子们用心去感悟自然，用画笔去记录和描绘自然万物，继而探索自然世界的奥秘，点燃生命教育的火种。

植物科学绘画是科学与艺术相结合的一种形象表达科学内容的形式和方法，主要是以科学为目的，艺术为手段，把科学和艺术进行有机的结合之后，形成了一种直观性的艺术语言表达方式。植物科学绘画能把植物的外部生长形态、局部细微特征、内部解剖与放大等结构，进行科学、客观、艺术、真实而完美的综合展现，从而根据准确描述该物种的真实特征进行识别、鉴定名称和应用，而且要阐明物种之间的亲缘关系和分类系统，进而研究物种的起源、分布中心、演化过程和演化趋势，不仅具有科学研究与成果展示功能，还具有科普宣传和艺术审美的效果，是进行自然教育最有效的一种研究、展示与授教方法。

植物科学绘画应用在自然教育之中，直接引导孩子们以科学的思路与方法去研究和探索，用一支画笔去认识自然、了解自然、学习自然和真实地记录自然，形成特殊的科学绘画自然笔记，积累宝贵的自然探索研究和发现的一手资料。日积月累之后，这些自然笔记可以用来整理编写成第一手的研究资料，完美展示研究成果。在这个过程中，对自然万物的个人认知感悟与自我的人生价值也会逐渐地累计与提升，所收获的个人成果也就会越来越多。由此可见，植物科学绘画在培养个人的科学认知与素养方面，拥有很重要的教育意义。

经过多年的不断研究与实践过程后发现，以植物科学绘画展现植物智慧的系列自然教育活动，不仅锻炼了孩子们的科学观察、研究和探索思维，还锻炼了孩子们的科学与美学修养，使他们会科学、客观、艺术、真实而完美地去认识和系统地了解自然，也会让他们自愿地远离电子产品及各类游戏。所以，只要找到正确的学习与引导方法，就可以使孩子们对自然产生浓厚的兴趣，从而使他们在利用画笔描绘自然或者植物时发现、认知与收获以及感悟同步得到完美的升华，不断获得知识与成果，改变生活方式，形成正确的人生观与价值观，从而更健康快乐地生活。

综上所述，植物科学绘画+自然教育教学法的系列授课内容，会引导孩子们通过科学的观察与绘画记录，对大自然进行系统、真实而完美的认知，从而去学习自然、研究自然、热爱自然与保护自然，这也是自然教育的初衷和目的。

2019年8月

编写说明

植物科学绘画⁺自然教学法之基础篇与系列培训教材，主要是为自然教育的工作者、老师提供的一套基础系列教材，同时也是中国科学院第四代植物科学绘画家孙英宝与李振基教授开创性提出的“植物的智慧”科学教育思想和“植物科学绘画⁺自然教学法”的首套教师培训实用教材。

整体内容是以创新和发展中国特色自然教育为目的，以科学为根基，自然为题材，植物为切入点；以植物科学绘画⁺植物的智慧为方法，整合并融入科学、国学、博物学、医学与文学等内容；以科学思维引导学员们客观地对植物进行观察、研究、实验（解剖）、记录、绘画、总结、成果展示，以及进行多种相关活动的组建与体验。

植物科学绘画⁺自然教学法之基础篇，是系列培训教材课程包的总论、总内容指导和总的知识内容储备。主要内容方向包含：一、植物科学绘画的特点、特性、发展应用、存在意义；二、植物科学绘画的创作过程；三、植物科学绘画⁺自然教学法系列教材的使用与教育意义；四、如何从头到脚认识植物，分别从植物的根、茎、叶、花、果实与种子、毛被等方面，进行了比较全面的图文介绍，也是后续即将编写的系列植物科普教育内容的配套教材。

系列培训教材内容的编写，主要就是从身边的植物入手，选用了常见但容易混淆、拥有重要的文学意义、具有特殊的国学色彩等的植物，引导学习者分别从根、茎、叶、花、果实与种子、毛被等方面，进行科学、系统而全面的认知学习。通过对基础篇的主要知识掌握之后，从观察认知开始，去准确地辨析出植物的生长特征、分析植物的特点，举一反三，继而能够亲手准确地画出植物，再以多个教学模块展现不同植物主题内容的相关活动内容。

教材采用跨学科融合的STEAM教育理念，结合多元智能理论和PBL项目式教学法，提供了多种生态游戏的设计与多元教学模块组合，教师可以根据学习者的年龄与能力，灵活地进行教学安排，以生动有趣的方式激发学习者对自然、植物和生态的认知和热爱，以更好地达到教学目标。

系列培训教材提供了丰富且清晰的教学分步卡片和练习模板，教师可以利用植物每个部分的分步卡片，进行现场观察认知和模拟科学绘画的重要步骤。学习者则可以在练习模板的帮助和引导下，达到快速练习的效果。练习模板又分初级版和高级版，初级版可以让学生完成各个部分的科学绘画练习；高级版适合学生学习掌握科学绘画的基本技巧之后使用，让学生完成一整幅植物科学绘画作品，同时也达到了对植物生命与自然世界的学习与认知。

本套系列培训教材秉承科学创新的自然教育理念，通过科学系统的教学内容，多元智能的教学模块组合与呈现，使教师和孩子们在观察、游戏、记录、创作等一系列体验式的课程活动中建立人与植物、人与自然之间的联系，启迪孩子们对植物与自然世界探索的兴趣，收获自然科学知识，推动人与自然和谐发展的美好愿景！

由于本套系列教材是创新内容，研究和编写的时间比较仓促，书中定有诸多不妥之处，请大家批评指正。

编缉委员会

2019年7月

序　言

前　言

编写说明

第1部分　从头到脚认识蔷薇三姐妹 …… 1

1.1　蔷薇属的分类地位 …… 2
1.2　认识蔷薇三姐妹 …… 4
1.2.1　蔷薇三姐妹的整体形态 …… 5
1.2.2　植物的“脚丫”（根） …… 9
1.2.3　植物的“身体”（茎） …… 10
1.2.4　植物的“衣服”（叶） …… 13
1.2.5　植物的“摇篮”（花） …… 18
1.2.6　植物的“育婴房”（果实）与种子“宝宝” …… 24
1.3　蔷薇三姐妹的应用 …… 27
1.3.1　生活中的应用 …… 27
1.3.2　文化中的应用 …… 28

第2部分　蔷薇三姐妹的科学绘画 …… 31

2.1　茎的科学绘画 …… 32
2.1.1　绘画步骤 …… 32
2.1.2　茎的科学观察体验方式 …… 35
2.2　叶的科学绘画 …… 36
2.2.1　绘画步骤 …… 36
2.2.2　叶的科学观察体验方式 …… 38
2.3　花的科学绘画 …… 39
2.3.1　绘画步骤 …… 39
2.3.2　花的科学观察体验方式 …… 43

2.4 果的科学绘画 …… 45

2.4.1 绘画步骤 …… 45

2.4.2 果的科学观察体验方式 …… 47

第3部分 蔷薇三姐妹植物生态游戏 …… 49

生态游戏一：我是蔷薇三姐妹 …… 50

生态游戏二：你来比划我来猜 …… 52

生态游戏三：叶片中的数字秘密 …… 54

生态游戏四：蔷薇果的秘密 …… 56

生态游戏五：植物的观察日记 …… 58

生态游戏六：植株信息统计表 …… 59

生态游戏七：蔷薇与诗 …… 61

生态游戏八：植物童话情景剧表演 …… 63

参考文献 …… 72

致 谢 …… 73

第 1 部分

从头到脚认识蔷薇三姐妹

科学、自然、真实、完美地进行绘画，会使自己对植物有更深层次的认识。

1.1 蔷薇属的分类地位

蔷薇属归属于蔷薇科，由100余种组成，在人类的发展历史上被广泛应用于文化和园林造景，并且拥有着重要的地位。目前，关于蔷薇属植物的各个种类的区分，在全世界都有争议。在十九世纪，蔷薇属竟然有数千种被命名和描述，出现了没有权威部门或者专家进行监管的局面。后来，经过相关研究学者整理研究之后，公布了蔷薇属的种类有100～150种。近些年来，蔷薇属的种类又出现了增加的局面，这可能是一些新的种类产生的结果，但并非是由植物分类学家所做出的研究评判。但蔷薇属的研究确实存在一些特殊的困难，因为蔷薇的分类建立在应用的基础上，必须对培育者、热爱者和专业的种植者有用，如果分类的体系更加自然，那么就反映了进化的过程更加合理。但蔷薇属的分类，主要还是基于遗传和植物分类学上的亲缘关系方面。在分子研究后发现，虽然蔷薇属是单系群，但由于杂交、近亲辐射、不完全谱系分选和多倍体化等多种原因，运用不同的序列所构建的系统发育树各不相同，并且经常得到无法解析的多分支结构和支持率不高的分支。因此，蔷薇属内的各亚属、组、亚组和种的关系至今难以完全确定。

我们来看看蔷薇属在植物大家族里的位置。

植物界—被子植物门—双子叶植物纲—蔷薇亚纲—蔷薇目—蔷薇亚目—蔷薇科—蔷薇亚科—蔷薇族—蔷薇亚族—蔷薇属—蔷薇亚属（表1）。

表1　蔷薇属在植物大家族里的位置

分类等级			蔷薇植物分类举例		
中文	英文	拉丁文	词尾	中文	拉丁文
植物界	Vegetable kingdom	Regnum vcgetable		植物界	Regnum vegetable
门	Division	Divisio phylum	−phyta	被子植物门	Angiospermae
亚门	Subdivision	Subdivisio	−phytina		
纲	Class	Classis	−opsida, −eae	双子叶植物纲（木兰纲）	Dicotyledoneae
亚纲	Subclass	Subelassis	−idae	蔷薇亚纲	Rosidae
目	Order	Ordo	−ales	蔷薇目	Rosales
亚目	Suborder	Subordo	−ineae	蔷薇亚目	Rosineae
科	Family	Familia	−aceae	蔷薇科	Rosaceae
亚科	Subfamily	Subfamilia	−oideae	蔷薇亚科	Rosoideae
族	Tribe	Tribus	−eae	蔷薇族	Roseae
亚族	Subtribe	Subtribus	−inne	蔷薇亚族	Rosinae
属	Genus	Genus	−a, −um, −us	蔷薇属	Rosa
亚属	Subgenus	Subgenus		蔷薇亚属	Rosa

 1.2 认识蔷薇三姐妹

图1 被误称为“玫瑰”的现代月季

蔷薇三姐妹，即蔷薇、玫瑰和月季，则是蔷薇属里面的三个种类。大家对它们的认知主要是通过在生活中的实际应用而获得的，但在名称方面，却造成了混淆不清，经常会分辨不出三姐妹。但在园林景观的美化设计和居住小区的绿化景观设计中，经常会用到蔷薇和月季；大面积种植加工后，用于食品和精油提炼的是玫瑰；在花店经常用于切花使用的是月季的新品种，名为“现代月季”（图1），也是大家认为的所谓的“玫瑰”。所以，蔷薇属当前的局面就是，从整体来看，大家都混淆不清。但如果针对蔷薇三姐妹的不同生长结构进行详细研究与分析之后，还是可以进行分辨的。

教案植物物种

玫瑰：*Rosa rugosa* Thunb.（图2a）。

野蔷薇：*Rosa multiflora* Thunb.（图2b）。

月季（现代月季）：*Rosa hybrida* Hort. ex. Lavalle.（图2c）。

玫瑰
a

蔷薇
b

月季（现代月季）
c

图2 教案植物物种

1.2.1 蔷薇三姐妹的整体形态

到底如何区分蔷薇、玫瑰、月季呢？这一问题堪称世界难题，不仅仅是你，很多植物学家也会被这些美丽的植物搞晕。现在我们一步一步地来认识这三种植物（图3）。

蔷薇三姐妹的整体形态	植物的“脚丫”（根）	植物的“身体”（茎）	植物的“衣服”（叶）	植物的“摇篮”（花）	植物的“育婴房”（果实）与种子“宝宝”

图3 区分蔷薇三姐妹的步骤

观察植物需要从整体的观察开始，这是认识植物的第一步。

月季植株：直立灌木，高度可以超过2米（图4）。

蔷薇植株：攀缘灌木，高度可以达到数米（图5）。

玫瑰植株：直立灌木，高度可以达到2米（图6）。

蔷薇三姐妹的整体形态

图4　现代月季*Rosa hybrida* Hort. ex Lavalle（孙英宝绘图）

蔷薇三姐妹的整体形态

图5　野蔷薇*Rosa multiflora* Thunb.（孙英宝绘图）

蔷薇三姐妹的整体形态

图6　玫瑰*Rosa rugosa* Thunb.（孙英宝绘图）

1.2.2 植物的“脚丫”（根）

大部分植物的根深深地扎入土中，不仅仅从土壤中吸收营养（吸收水分与溶解于水的矿物质），更重要的是支撑与平衡植物的身体。所以，根就像是植物的“脚丫”，可以使植物本身稳定地站立在大地之上。

1.2.2.1 认识三姐妹的根

玫瑰：直根系。幼时白色稚嫩，没有明显的主侧根。随着不断地生长，主根变成土黄色至深褐色，侧根数量较多而发达，须根短细。

蔷薇：直根系。幼时白色，成长数年后，主根变长，呈土黄色至深褐色，侧根纤细较多，须根短。

月季：直根系。主根与侧根比较发达，须根少数。

1.2.2.2 延伸知识①

根据植物根部生长结构的发生情况主要将根分为直根系和须根系两大部分。直根系的生长结构主要分为主根、侧根、纤维根。主根比较粗大，有侧根与须根较少的直根或单根，这是双子叶植物根系的特点；须根系的结构由很多粗细相等的不定根组成，这是单子叶植物根系的特点。

根据植物根的生存时间可以将根分为一年生根、二年生根和多年生根；根据根的不同生长场所，可分为地生根、水生根、气生根和寄生根。

图7所示两年生的月季的根。

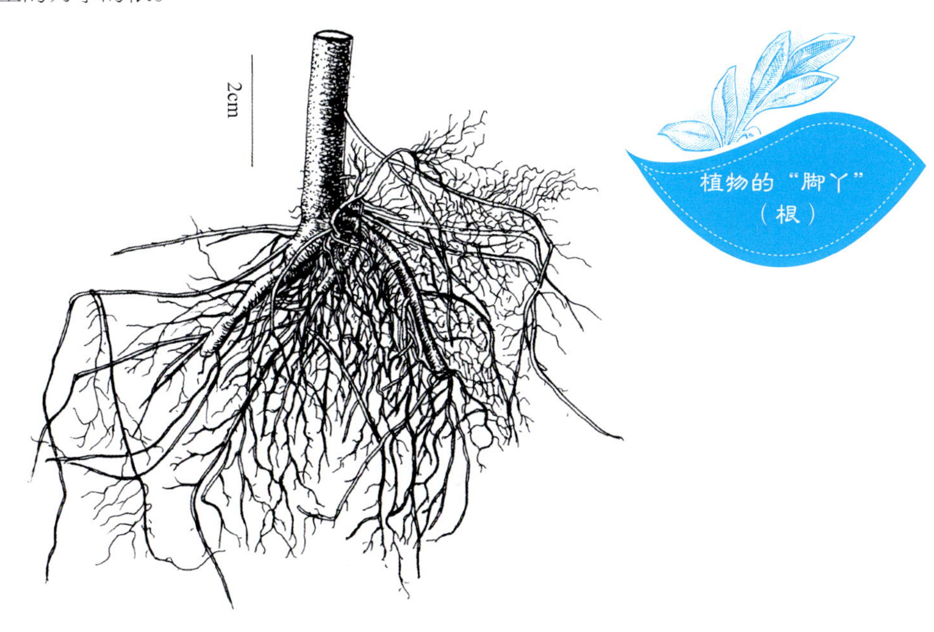

图7　月季的根（两年生）

① 更多根系详解请见基础篇。

1.2.3　植物的"身体"（茎）

植物的茎是植物在长期适应陆地生活的过程中所形成的地上部分生长器官，一般都有直立向上生长的习性，有的上面还生长着诸多大小不同的枝条，下部与根直接连接。正常的茎上会有节和节间。节上会生长出叶片、花和果实。茎的顶端有顶，侧面生长着侧芽。茎的主要功能是输导（把根所吸收的物质，输送到植物体的各个部分，同时也能把植物在光合作用过程中的产物输送到植物体所需的各个地方）和支撑（枝叶、花、果实；对风、雨、雪等不利自然条件的抵御）的作用。此外，茎也有贮藏和繁殖的作用。但不同的植物种类茎的形状与功能也各具特色，在不同生长环境内也拥有着不同的功能。

1.2.3.1　认识蔷薇三姐妹的茎（表2、图8）

玫瑰：较粗壮，丛生，深褐色；新生的小枝密被着绒毛、针刺和腺毛，还生长有直立或弯曲、淡黄色的皮刺，皮刺的外面被有绒毛。

蔷薇：圆柱形，深绿色，无毛，有短而稍弯曲的皮刺。

月季：直立或分叉，深绿色或棕红色。小枝粗壮，圆柱形，近无毛，有短粗的钩状皮刺。

表2　玫瑰、蔷薇、月季茎的特征

	植物形态	颜色	皮刺	绒毛
玫瑰	直立，较粗壮，丛生	深褐色	密集生长刚毛和直立硬皮刺	皮刺的外面被有绒毛
蔷薇	攀缘，小枝，圆柱形	深绿色	茎疏生三角形皮刺	无毛
月季	直立或分叉，小枝粗壮，圆柱形	深绿色或棕红色	疏生三角形勾状皮刺	近无毛

1.2.3.2　延伸知识[①]

1.2.3.2.1　植物的茎的分类

植物的茎分为直立茎、缠绕茎、攀缘茎、斜倚茎、斜升茎、平卧茎及匍匐茎7种。

直立茎：茎杆垂直于地面向上直立生长，分别包含草质茎和本质茎。如玉米的草质直立茎；水杉的木质直立茎。在进行绘画的时候，要仔细观察不同茎的质地类型，选用简洁流畅的线条画出直立茎的挺拔坚韧，茎表皮的质感和其他内容可以根据不同质地进行自然而真实的绘画。

攀缘茎：茎长而柔软，不能直立，依靠其他物体作为支柱，用本身特有的攀缘结构来固定植株本身才能够很好地生长。其攀缘结构分为卷须攀缘，如丝瓜、葡萄；气生根攀缘，如常春藤；叶柄的卷曲攀缘，如威灵仙；钩刺攀缘，如猪殃殃；还有吸盘攀缘，如爬山虎等几种情况。在进行科学绘画的时候，选用柔软、曲折多变的线条，表现出不同攀缘茎的自然形态和特征。有些植物的茎既有缠绕结构，又有攀缘结构，如葎草，它的茎本身既能向右缠绕在其他物体上生长，又能在茎上生长出具有攀缘的钩刺，辅助柔软的茎向上无限生长。

① 更多茎的详解请见基础篇。

图8　玫瑰、月季、蔷薇的茎

1.2.3.2.2 皮刺的概念[①]（图9）

皮刺是由植物体的表皮或者皮层所形成的尖锐凸起部位。皮刺的基部与茎没有维管束组织相连接，很容易剥落掉，所留下的剥落面较平坦。如蔷薇科植物茎上生长的很多皮刺。皮刺的存在是为了保护植物体本身不受到昆虫和其他动物的伤害。也有的皮刺还有辅助植物体的延长生长而进行攀爬助力的作用，如悬钩子茎上的钩状刺。绘画的时候，仔细观察各种刺的不同大小与形态，用简洁而流畅的线条，绘画出刺的尖锐。

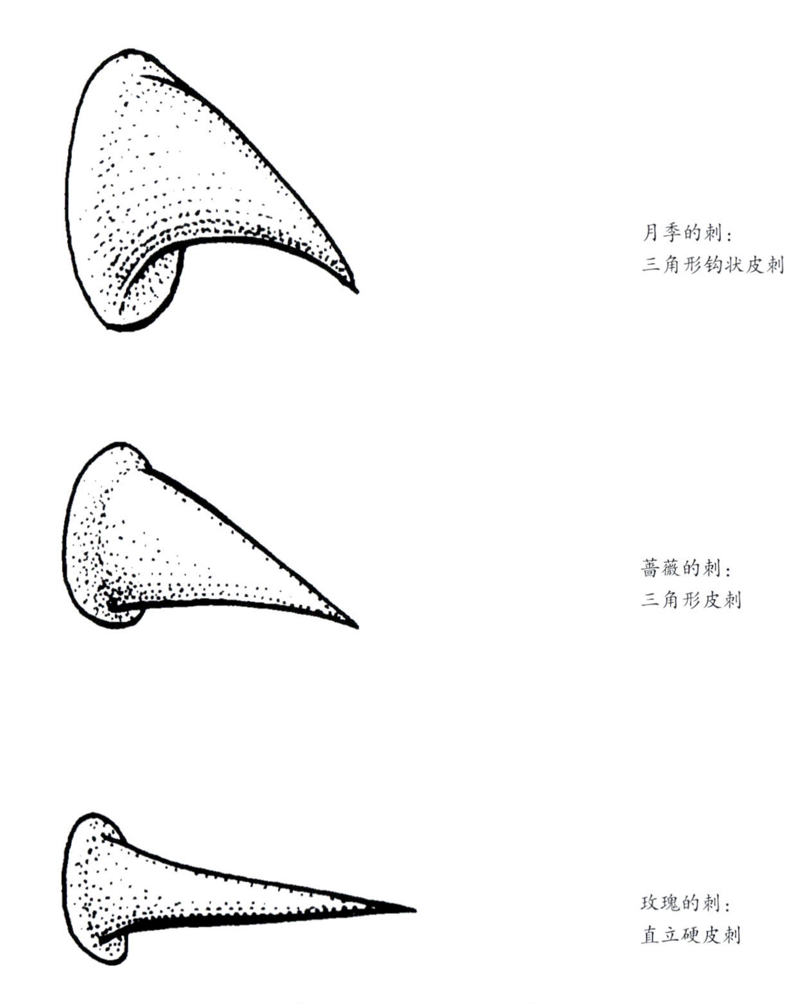

图9　月季、蔷薇、月季皮刺的特点对比图

① 更多其他类型刺的详解请见基础篇。

1.2.4 植物的“衣服”(叶)①

植物的叶可以进行光合作用，把吸收的二氧化碳等气体和水同化之后，制造有机物（葡萄糖、淀粉等）和释放氧气，可以通过气孔进行呼吸和排泄多余水分与其他杂质，更重要的是能提供给自然界包括人类在内的其他生物生命存在所必需的营养和能量，还能给众多生物提供生存所需的庇护场所。

叶起源于植物茎尖周围的叶原基，含有大量的叶绿体，以便更旺盛地进行光合作用。一枚发育成熟、完整的叶一般由叶柄和叶片（表皮、叶肉和叶脉）组成。叶片的主要结构分为叶基、叶缘、叶脉和叶尖等部分（图10和图11）。叶柄是叶生长在茎（或枝）上的连结部分，主要功能是输导和支持的作用。有的植物拥有托叶，这是叶柄基部两侧的附属物，通常是成对而生，其形状多样，有叶状、鳞片状、鞘状或刺状。

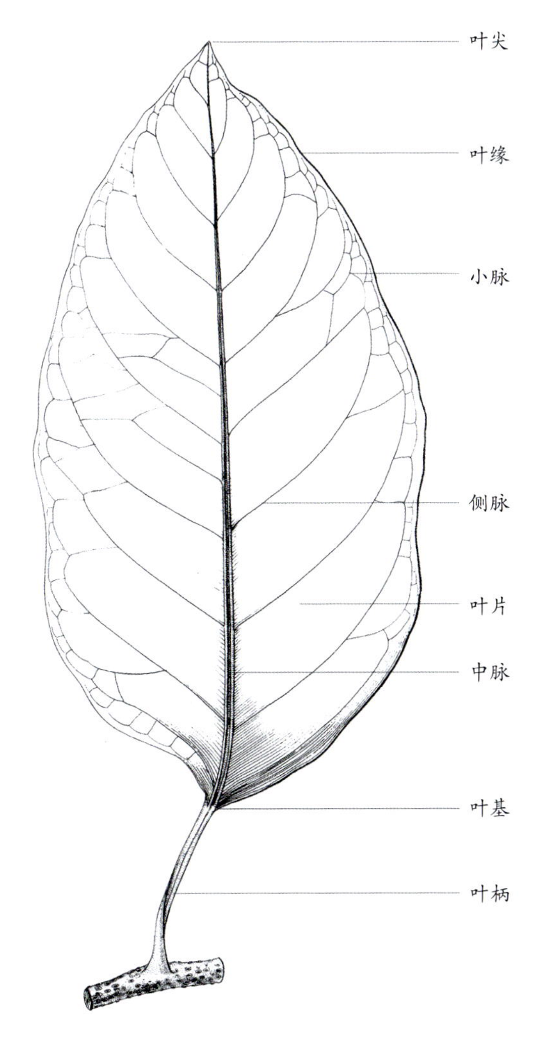

图10　植物叶片结构示意图（孙英宝绘图）

① 更多叶的详解请见基础篇。

图11　蔷薇属羽状复叶的结构图解

月季：奇数羽状复叶（图12）

小叶3～5枚，稀7枚，连同叶柄长度5～11厘米。

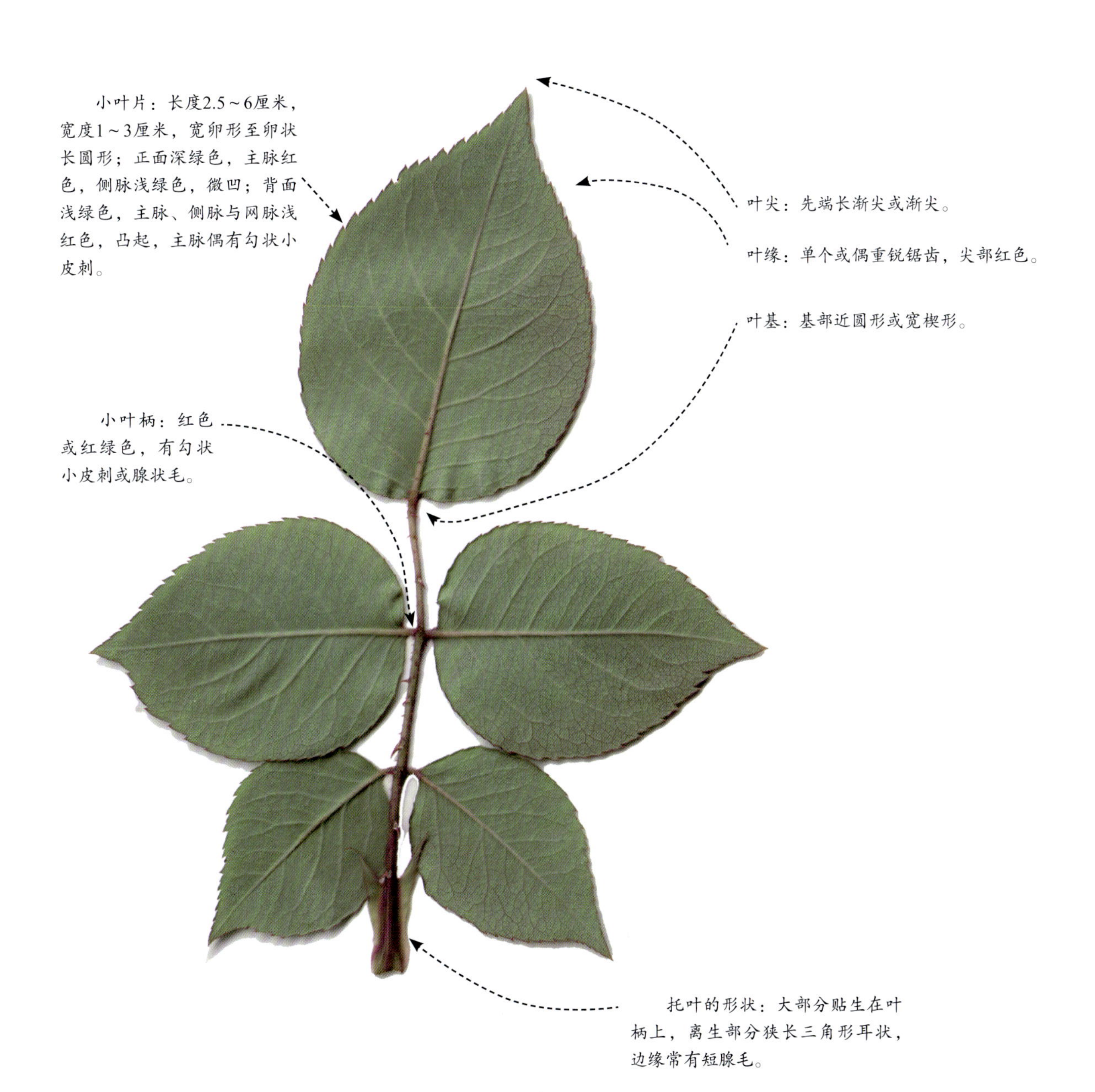

图12　月季的叶片特征

蔷薇：奇数羽状复叶（图13）

小叶5～9枚，接近花序的小叶有时3枚，连同叶柄的长度为5～10厘米。

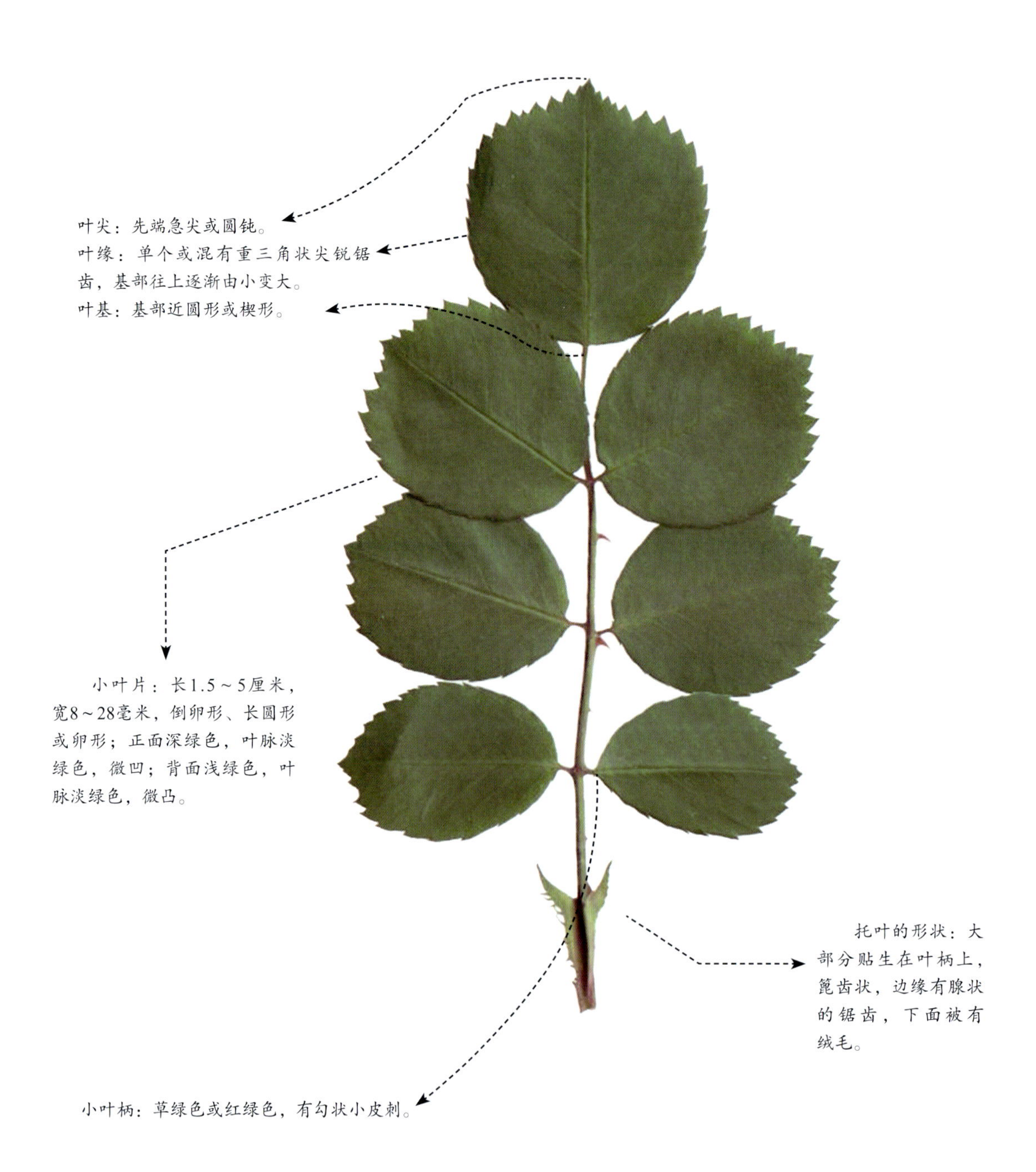

图13　蔷薇的叶片特征

玫瑰：奇数羽状复叶（图14）

小叶片5～9枚，连叶柄的总共长度有5～13厘米。

图14　玫瑰的叶片特征

1.2.5 植物的“摇篮”（花）①

植物的花是很重要的有性繁殖器官。典型的花在一个有限生长的短轴上，生长有花萼、花瓣和生产生殖细胞的雄蕊与雌蕊。花由花冠、花萼、花托、花蕊组成，不仅形态大小不一，形态各异，而且还五颜六色，大部分花朵拥有着芳香的味道，有些特殊植物会有臭味和其他特殊的味道，之所以拥有美丽的色彩和味道，目的是吸引昆虫来进行传播花粉，在完成授粉的同时，也为昆虫提供了食物。而且，每一种不同形态的花专门为某一类昆虫的体型而生长。这既是植物与昆虫之间的互惠互利合作，又是植物生存智慧的体现。

花的结构术语

认识一朵花只要从花梗、花托、花萼、花冠、花瓣、雄蕊（花丝、花药、花粉）、雌蕊（子房、胚珠、花柱、柱头）几方面区分（图15）。

图15 花的解剖示意图（孙英宝绘图）

① 更多花的详解请见基础篇。

1.2.5.1　认识蔷薇三姐妹的花（图16至图20）

蔷薇的花

很多，排成圆锥状花序。

图16　蔷薇的花部特征

月季的花

单朵顶生。

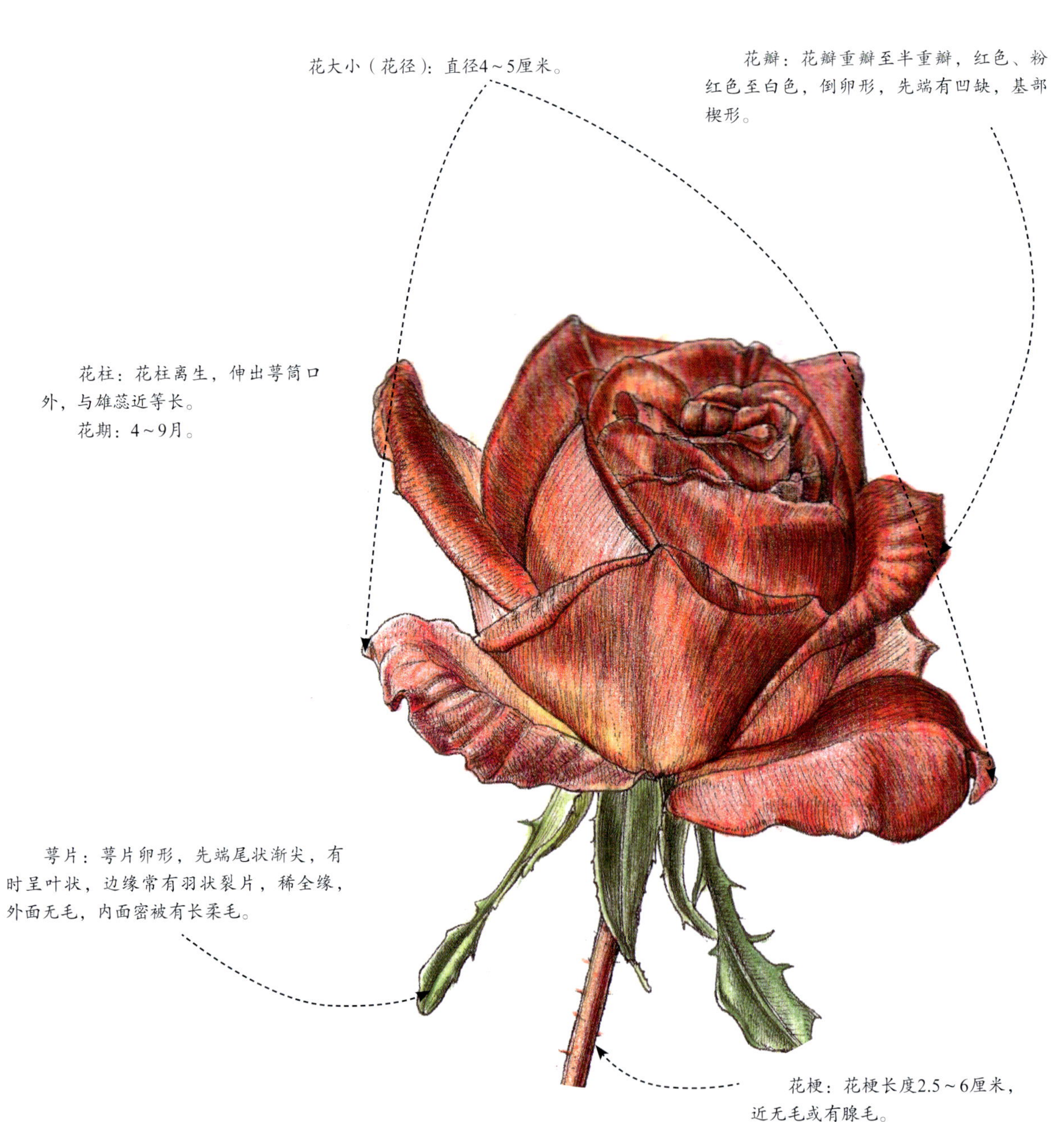

图17　月季的花部特征

玫瑰的花

单生在叶腋部位，或几朵簇生在一起，苞片卵形，边缘有腺状毛，外面被有绒毛。

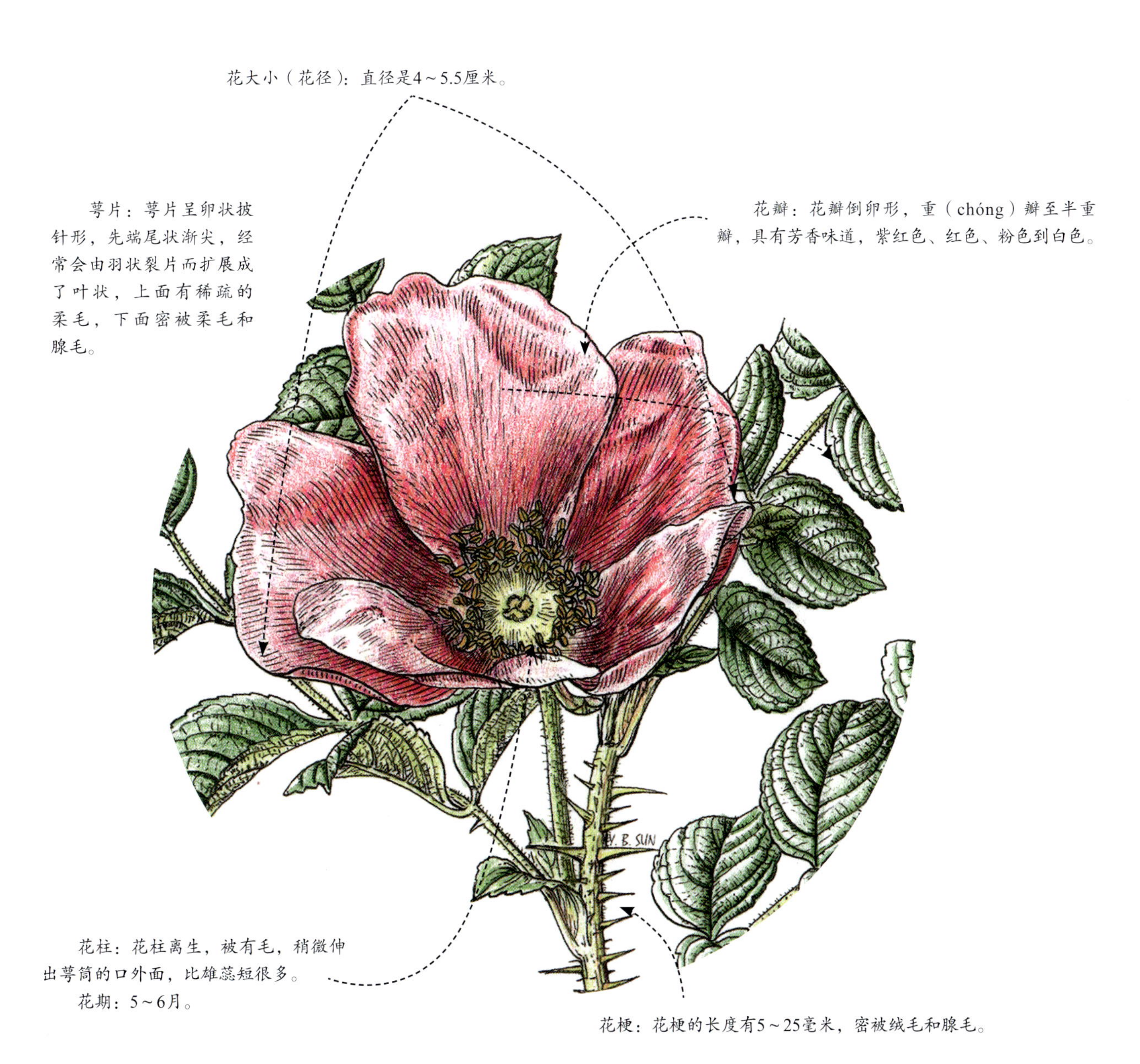

图18　玫瑰的花部特征

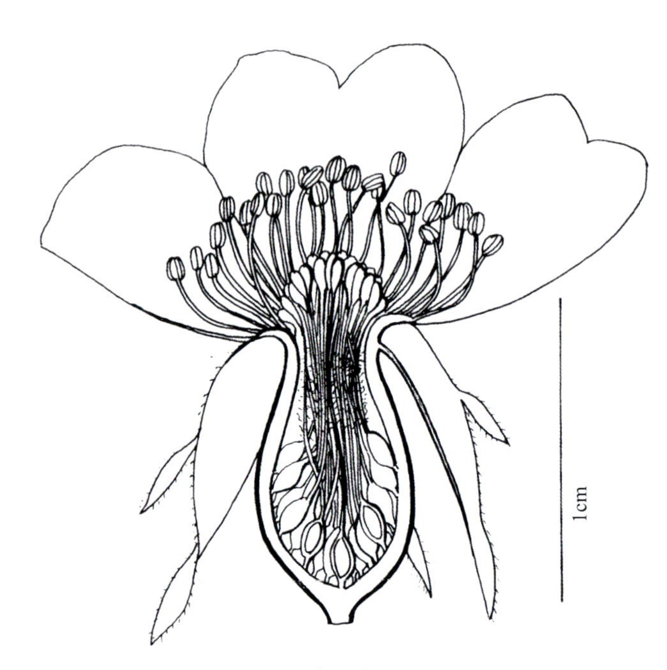

图19　蔷薇花的纵向剖面图

图20　月季花的纵向剖面图

1.2.5.2　延伸知识——蔷薇的传粉知识绘图展现

植物的传粉分为异花传粉和自花传粉两种（图21），蔷薇属于异花授粉。

自花传粉的植物必须拥有两性花，而且具备自花授粉的机制，雄蕊与雌蕊必须同时成熟，花粉落在柱头上不会排斥，可以进行自身授粉，也称为自交。但具有两性花的植物不一定都是自花传粉。自花授粉的植物在自然界中并不多。闭花受精是典型的自花授粉，常见的植物有小麦、大豆、豆角、水稻、豌豆等，在花还没有张开时，花粉就已经在花粉囊里面萌发，花粉管穿过花粉囊壁伸向柱头之后，就完成了授粉，这称为闭花传粉或闭花受精。如豌豆蝶形花冠中的花瓣始终紧紧地包裹着雄蕊和雌蕊。但自花授粉的植物在遗传性上的差别较小，有很多栽培植物在经过长期的自花授粉之后，卵细胞和精细胞由于产生于相同的条件之下，遗传的异质性差异较小，所产生的后代生存能力较弱或衰退，这对植物本身具一定的伤害。

异花授粉的植物是异株、异花或者不同的无性系之间的授粉。有的花同时具有雌蕊和雄蕊，为了避免自花授粉，其中有一个器官必须先发育成熟，而另一个器官则后发育成熟。但也有的花雄蕊和雌蕊器官同时成熟，但自身拥有排斥自花授粉的机制，不接受自己的花粉。也有的植物雌蕊和雄蕊不生长在同一朵花里面或不在同一株植物上，这样就避免了自花授粉，但它们必须借助相关的媒介进行授粉。常见的有风媒授粉，即借靠风力把花粉进行传播；虫媒授粉，即利用颜色、香气和蜜汁吸引昆虫来进行传播授粉，这是植物与昆虫协同进化的结果，常见的异花授粉植物有很多，如瓜类、玉米、荞麦、苹果、油菜等。异花授粉可以产生杂种优势，所产生的后代适应能力很强。

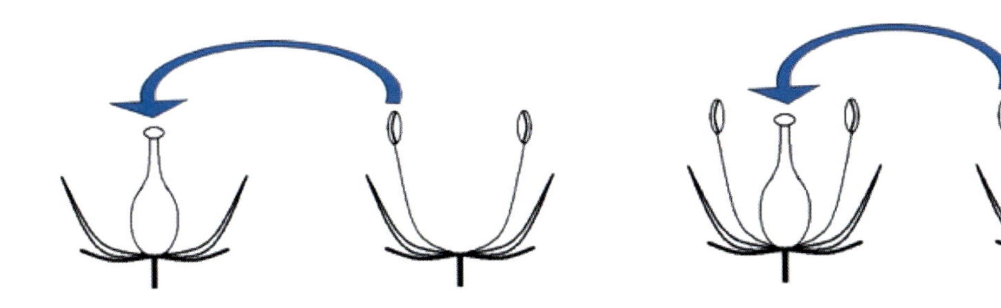

单性花授粉　　两性花的异花授粉：自花粉不育，雌蕊和雄蕊异熟

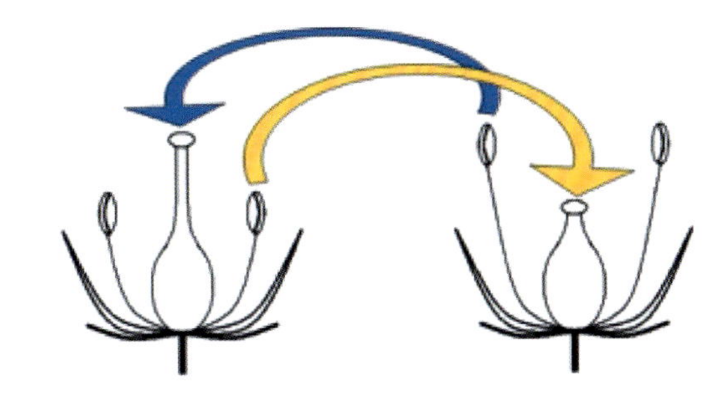

两性花的异花授粉：花柱异长

图21　异花传粉与自花传粉示意图（刘冰绘图）

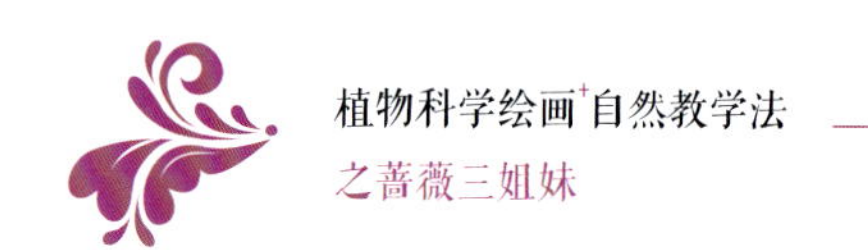

1.2.6 植物的"育婴房"（果实）与种子"宝宝"[①]

植物的果实是花在经过授粉受精发育之后，由子房、花萼与花托共同参与发育而成的器官，这也是植物有性繁殖的结果（图22）。

果实主要包含果实和种子两部分，其中的果皮分为外果皮、中果皮和内果皮。里面的种子主要是植物传播与繁衍后代的器官。

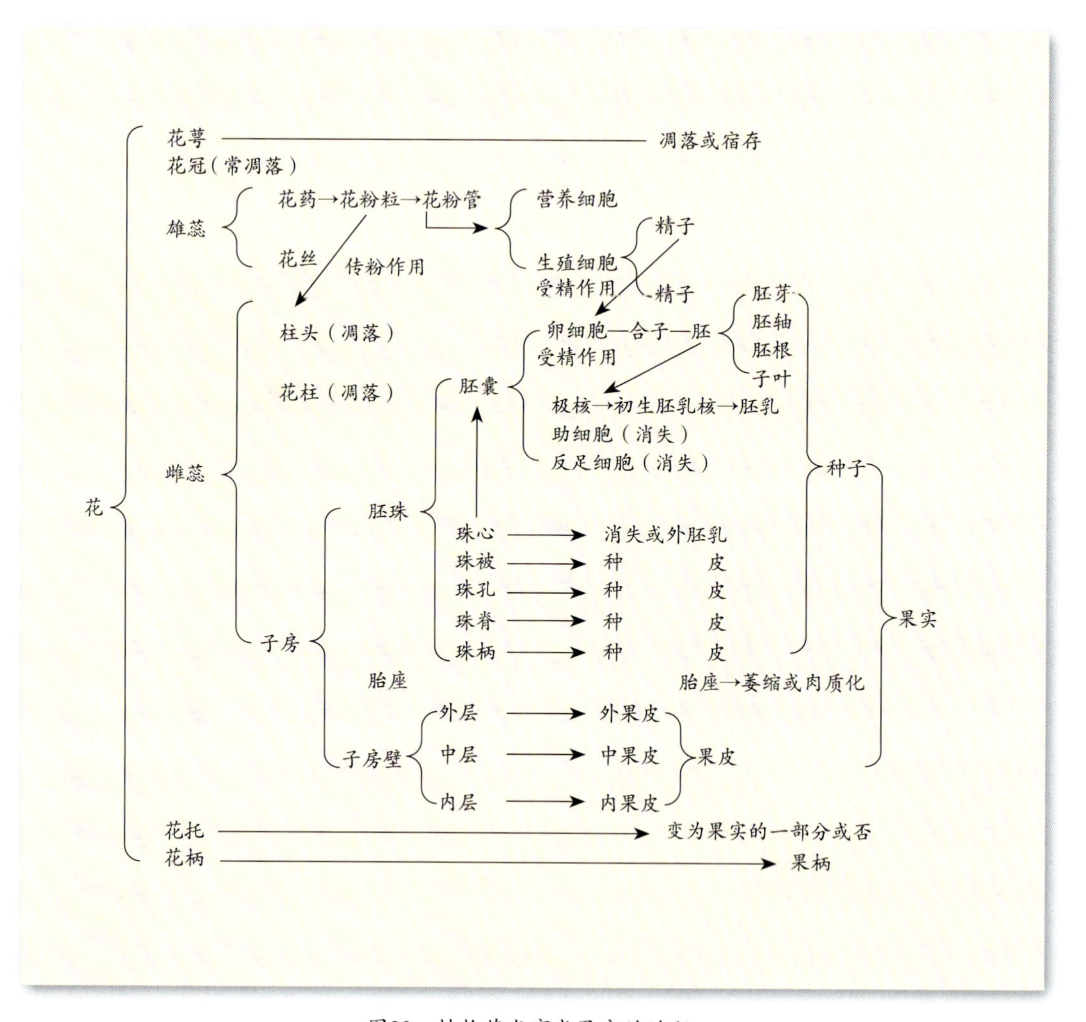

图22 植物花发育成果实的过程

① 更多其他不同果实与种子的详解请见基础篇。

大部分果实都是经过花粉受精发育而成（图23），有的果实不经过受精发育而成，也没有种子或者种子不育，这类果实叫无子果实，如无核蜜橘、香蕉等。

还有很多不同类别的植物也都各有不同的繁殖的方法。例如，蕨类植物用孢子进行传播与繁衍后代；裸子植物用种子进行传播与繁衍后代；用果实与种子相结合的方式进行传播与繁衍后代的是被子植物（图24至图26）。

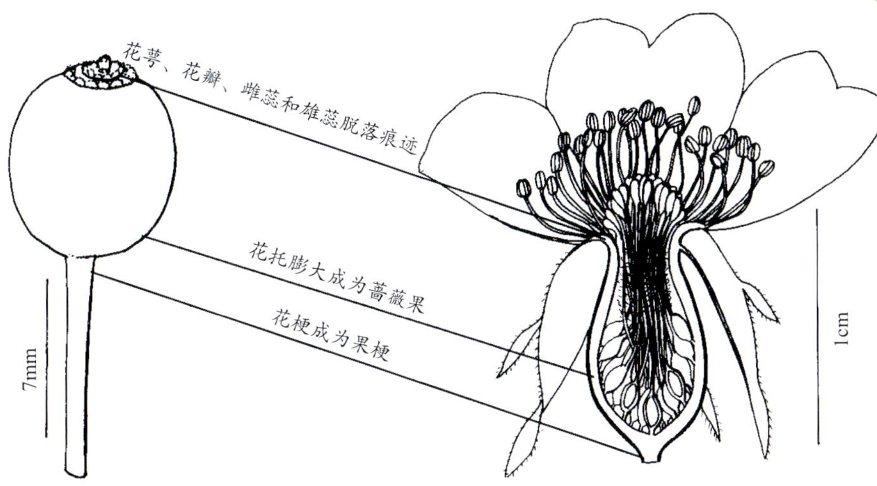

图23　蔷薇果实形成对照图

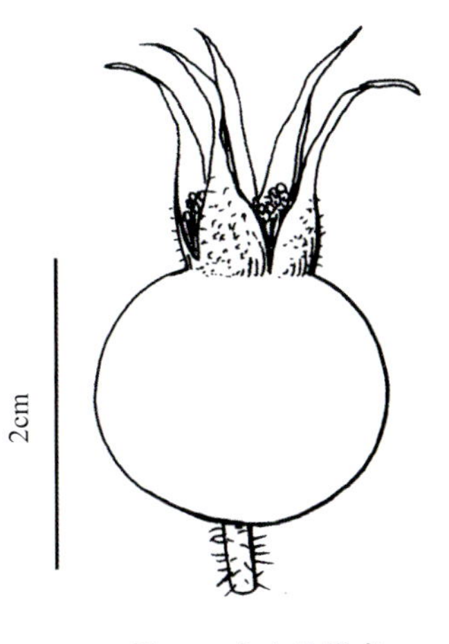

图24　玫瑰的果实

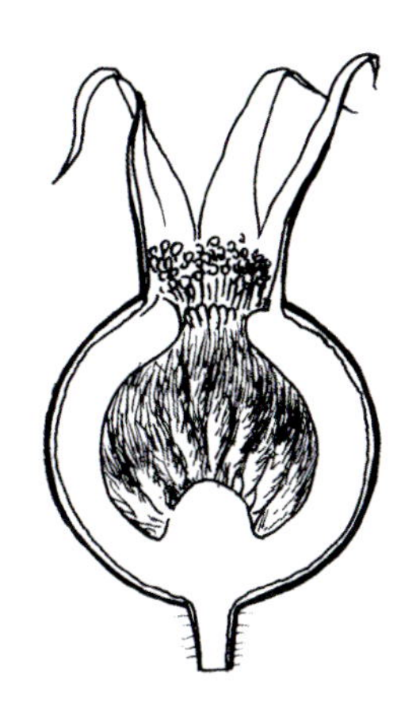

图25　玫瑰果实纵切面

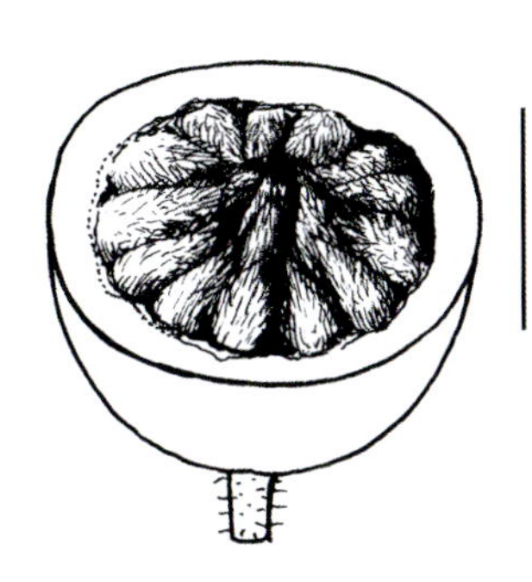

图26　玫瑰果实横切面

月季　蔷薇果，卵球形或梨形，长1～2厘米，红色，萼片脱落。果期6～11月。种子：多数，卵圆形，顶部有绒毛。

蔷薇　蔷薇果，近球形，直径6～8毫米，红褐色或紫褐色，有光泽，无毛，萼片脱落。果期7～8月。种子：多数，卵圆形，顶部带有绒毛。

玫瑰　蔷薇果，扁球形，直径有2～2.5厘米，砖红色，肉质，平滑，萼片宿存。果期8～9月。种子：很多，卵圆形，顶部带有绒毛。

1.3　蔷薇三姐妹的应用

在中国，蔷薇、月季和玫瑰是蔷薇属的三个不同种类，而且在人们的生活之中有很多不同的用途和价值。然而，在西方欧洲等国家，蔷薇、月季和玫瑰统称为蔷薇rosa，主要用于花园种植观赏、切花、纯露的萃取，以及表达爱意的浪漫和保守秘密的寓意。其中，“玫瑰”在中西方之间的认知、应用和与文化方面有一定的差异。玫瑰*Rosa rugosa*特产中国北部、朝鲜、日本及俄罗斯等地。所以，古代的西方人没见过汉语中所说的“玫瑰*Rosa rugosa*”这个种。中国人也不明白西方眼中所说的“Rose”具体是哪种植物，但是为了学习西方人的浪漫，也为了更好地用于商业用途，就把月季的不同颜色和种类的杂交种作为西方象征浪漫爱情的“Rose”。

1.3.1　生活中的应用

西方：在19世纪，中国的蔷薇和月季被传入西方欧洲等国家之后，就与当地的品种进行数百年的广泛杂交和精心选育，培育出了花色多样、花瓣增多和香味多样的现代月季，在2010年左右引进国内之后，被统称为欧月。这些品种繁多的种类，除了能够较大地增强观赏性，还可以给人以花香的疗愈效果。经典的品种有‘自由精神’‘玛格丽特王妃’‘龙沙宝石’‘蓝色风暴’‘法国莫奈’‘朱丽叶’‘凯拉’等。欧洲人把月季普遍用于花园的美化，切花与香水的萃取。蔷薇和月季在西方人生活中统称为rosa，花语是爱“love”和美丽，人们会经常在生活中赠送给情人和最亲的人；在生活中，也是很重要的香水，一种是供人使用，另一种是在西餐中，喷在食材上食用，去掉不好味道的同时增加食欲；还可以作为花束、花篮和桌花进行氛围的装饰。

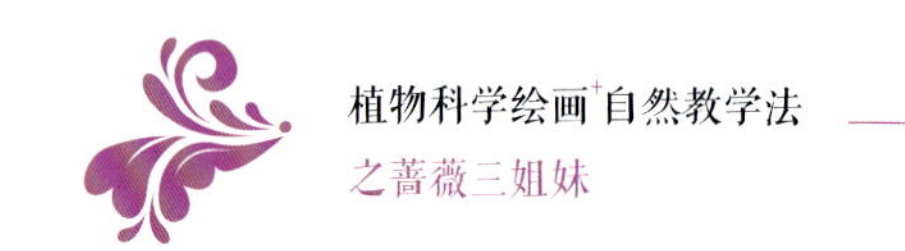

中国：蔷薇（*Rosa multiflora*）、月季（*Rosa hybrida*）和玫瑰（*Rosa rugosa*）不仅拥有相应的学名，而且各有用途。蔷薇是常见的藤本观赏花卉，大都被种植在有篱笆和特殊造型的架子或者墙壁上，花色以白色和粉色为主。但花朵只要开放一次之后，就不会再出现新的花枝。

中国是月季的原产地之一，有2000多年的栽培历史，早在神农时代就开始栽培，汉朝和唐朝时的栽培更为普遍。当今月季的品种比较繁多，全世界有近万种，中国也有千种以上，主要有食用玫瑰、藤本月季、大花香水月季（切花月季主要为大花香水月季）、丰花月季（聚花月季）、微型月季、树状月季、壮花月季、灌木月季、地被月季等。自然花期4~11月，花呈较大的发散型，由内向外开放，并有浓郁的香气，可以广泛用于园艺栽培和切花。月季是北京、天津、威海、大连、石家庄、邯郸、邢台、沧州等很多城市的市花。尤其在首都北京，天坛公园是月季的种植与品种繁殖基地，并专门有“月季班”进行专人和专业的管理。北京市的大街小巷都种植月季来进行美化。月季的适应性强，耐寒、抗旱，地栽、盆栽均可，适用于美化庭院、装点园林、布置花坛、配植花篱和花架。月季栽培容易，可以作切花，用于制作花束和各种花篮。月季花朵可供提取香精，并可入药，也有较好的抗真菌及协同抗耐药真菌活性。红色切花更成为情人间必送的礼物之一，并成为爱情诗歌的主题。

玫瑰通常用于制作精油、食用和玫瑰食品等。1300多年前，山东济南平阴县在唐朝就开始玫瑰人工栽植。平阴玫瑰花大色艳、香气浓郁，出油率高、品质优良，被誉为“世界玫瑰之花魁”。中国平阴玫瑰的丰花系列玫瑰等几个品种可以一年多次开花，所栽培的种类有苦水玫瑰、平阴玫瑰、大马士革系列玫瑰、百叶玫瑰（法国品种）等十余个品种。生产规模栽培的仅有7～8个品种。云南用玫瑰的花瓣制作成了著名的小吃“玫瑰饼”；有很多地方把玫瑰的花瓣与水、糖、盐和柠檬汁放在一起，制作成美味的玫瑰酱；也有很多地方把玫瑰的花蕾做成了玫瑰茶；还有的地方把玫瑰作为药材。玫瑰花中含有300多种化学成分，如芳香的醇、醛、脂肪酸、酚和含香精的油和脂，常食玫瑰制品可以柔肝醒胃，舒气活血，美容养颜，令人神爽。

1.3.2 文化中的应用

西方：西方人把蔷薇当作严守秘密的象征，在去别人家做客的时候，如果看到主人家的桌子上方绘画或者摆放有玫瑰，就明白在这桌上所谈的一切均不可外传，于是有了sub rosa（“在玫瑰花底下”）这个拉丁成语。如在古代德国的宴会厅、会议室以及酒店餐厅里，天花板上常画有或刻有玫瑰花，用来提醒参加会议的人要守口如瓶，严守秘密，不要把玫瑰花下的言行透露出去。这主要是起源于罗马神话中的荷鲁斯（Horus）撞见美女——爱的女神“维纳斯”偷情的故事，她儿子丘比特为了帮自己的母亲保有名节，于是给了他一朵玫瑰，请他守口如瓶，荷鲁斯收了玫瑰，于是缄默不语，成为“沉默之神”，这就是under the rose之所以为守口如瓶的由来。

中国：在中国古代，玫瑰因为枝茎带有刺，被认为是刺客、侠客的象征。但是情人节特定的传情植物“玫瑰”则是名为“现代月季”的一个杂交品种。在中医文化中，玫瑰拥有很重要的药用价值。例如，“玫瑰花，主利肺脾，益肝胆，辟邪恶之气，食之芳香甘美，令人神爽”——《食用本草》；“玫瑰花，清而不浊，和而不猛，柔肝醒胃，疏气活血，宣通窒滞而绝无辛温刚燥之弊，断推气分药之中，最有捷效而最驯良，芳香诸品，殆无其匹”——《本草正文》；“玫瑰花和血行血、理气，治风痹、噤口痢、乳痈、肿毒初起、肝胃气痛”——《本草纲目拾遗》。

中国历代有很多关于蔷薇三姐妹的诗词。

（1）描写蔷薇的诗词

刘侍中宅盘花紫蔷薇

［唐］章孝标

真宰偏饶丽百景家，当春盘出带根霞。

从开一朵朝衣色，免度踏尘埃看杂花。

日　射

［唐］李商隐

日射纱窗风撼扉，香罗拭手春事违。

回廊四合掩寂寞，碧鹦鹉对红蔷薇。

清平乐·春归何处

［宋］黄庭坚

春归何处。寂道寞无行路。若有人知春去处。唤版取归来同住。

春无踪迹谁知。除非问取黄鹂。百啭无人能解，因风飞过蔷薇。

咏蔷薇

［南北朝］谢朓

低树讵胜叶，轻香增自通。发萼初攒此，余采尚霏红。

新花对白日，故蕊逐行风。参差不俱曜，谁肯盼微丛？

（2）描写玫瑰的诗词

春　词

［唐］李建勋

日高闲步下堂阶，细草春莎没绣鞋。

折得玫瑰花一朵，凭君簪向凤凰钗。

舞曲歌辞·屈柘词

［唐］温庭筠

杨柳萦桥绿，玫瑰拂地红。绣衫金騕褭，花髻玉珑璁。

宿雨香潜润，春流水暗通。画楼初梦断，晴日照湘风。

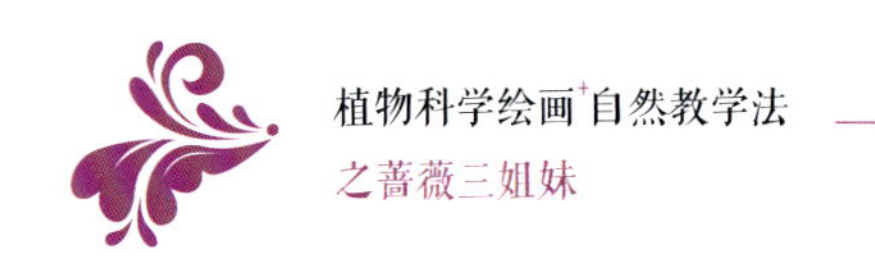

芳　树

［唐］李叔卿

春看玫瑰树，西邻即宋家。门深重暗叶，墙近度飞花。
靓妆愁日暮，流涕向窗纱。影拂桃阴浅，香传李径斜。

和李员外与舍人咏玫瑰花寄徐侍郎

［唐］司空曙

仙吏紫薇郎，奇花共玩芳。攒星排绿蒂，照眼发红光。
暗妒翻阶药，遥连直署香。游枝蜂绕易，碍刺鸟衔妨。
露湿凝衣粉，风吹散蕊黄。蒙茏珠树合，焕烂锦屏张。
留客胜看竹，思人比爱棠。如传采苹咏，远思满潇湘。

（3）描写月季的诗词

腊前月季

［宋］杨万里

只道花无十日红，此花无日不春风。
一尖已剥胭脂笔，四破犹包翡翠茸。
别有香超桃李外，更同梅斗雪霜中。
折来喜作新年看，忘却今晨是季冬。

月　季

［宋］张耒

月季只应天上物，四时荣谢色常同。
可怜摇落西风里，又放寒枝数点红。

月　季

［宋］苏轼

花落花开无间断，春来春去不相关。
牡丹最贵惟春晚，芍药虽繁只夏初。
唯有此花开不厌，一年长占四时春。

月季花

［清］孙星衍

已共寒梅留晚节，也随桃李斗浓葩。
才人相见都相赏，天下风流是此花。

第 2 部分

蔷薇三姐妹的科学绘画

对蔷薇三姐妹的茎、叶、花和果实形态进行仔细观察，用科学绘画逐步的记录各结构的生长特征，达到全面的认知理解。

2.1 茎的科学绘画

此部分内容包括三个教学模块，分别为：玫瑰茎、蔷薇茎、月季茎。教师根据教学主题，挑选一个植物教学模块或者多个植物教学模块进行授课。

2.1.1 绘画步骤

选取玫瑰、月季或蔷薇一段10厘米左右的茎（含有节、芽体、刺和刚毛等重要特征）。

第一步：初稿构图

认识所选取茎部位的主要结构和相关内容。先用铅笔定位茎的整体特征，以及把芽苞和主要刺的生长位置和结构勾勒出来（图27）。

绘画要点：三姐妹的茎上还有刚毛，与刺混合生长在一起，也要进行绘画。

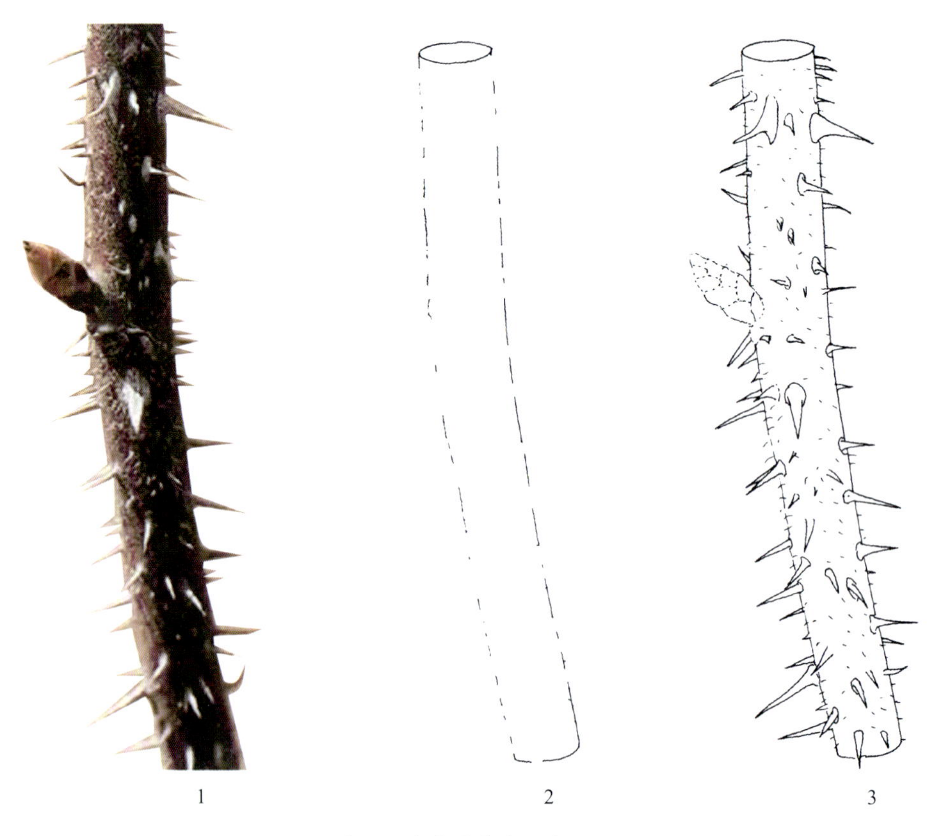

图27 玫瑰的茎绘画步骤

第二步：深入刻画特征

把茎上面的节、刺、刚毛等细节部位进行定位，明确地刻画。

刺的名称统一为皮刺：玫瑰——直立硬皮刺；月季——稀疏生长三角形钩状皮刺；蔷薇——三角形皮刺。

绘画要点：刺的质感与刚毛有所区分，把刺的下方线条加粗，增加立体感（图28）。

第三步：质感与效果

在茎的两侧用点进行均匀的衬影，展现质感与立体效果。

绘画要点：手眼协调统一，把握好整体的渐变感与点的均匀度；所用点之处，避免重复；茎的左侧为受光面，右侧作为背光面，所以，右侧用的点要比左侧的点多，可以很好地突出立体的效果；主要的刺要用少量的点进行衬影；茎的上部断面部位要画出横切面，并画上均匀的斜线条，以表示横截面（图28）。

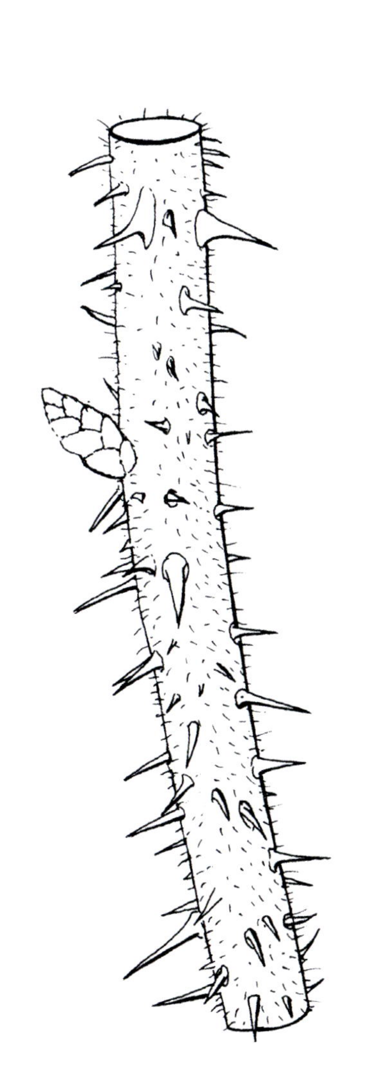

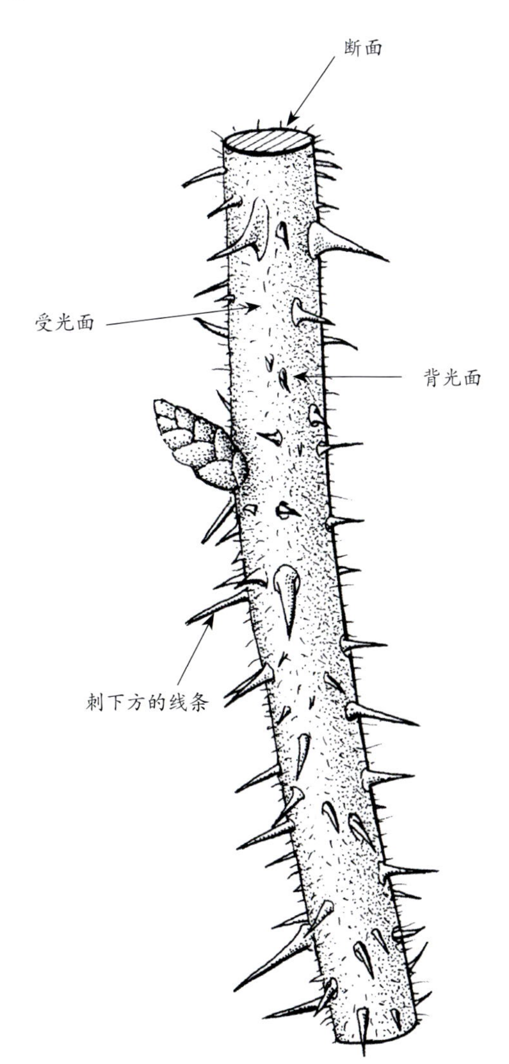

图28　玫瑰的茎绘画步骤

第四步：墨线定稿

在铅笔稿上用墨线描绘一遍，把内容进行确认和定型。最后用橡皮以点擦的方式擦除铅笔底稿（图29）。

（注意：擦除铅笔线条时要等待墨线完全晾干时进行；另外，还可以用硫酸纸蒙在铅笔底稿上，用墨线描绘完成。）

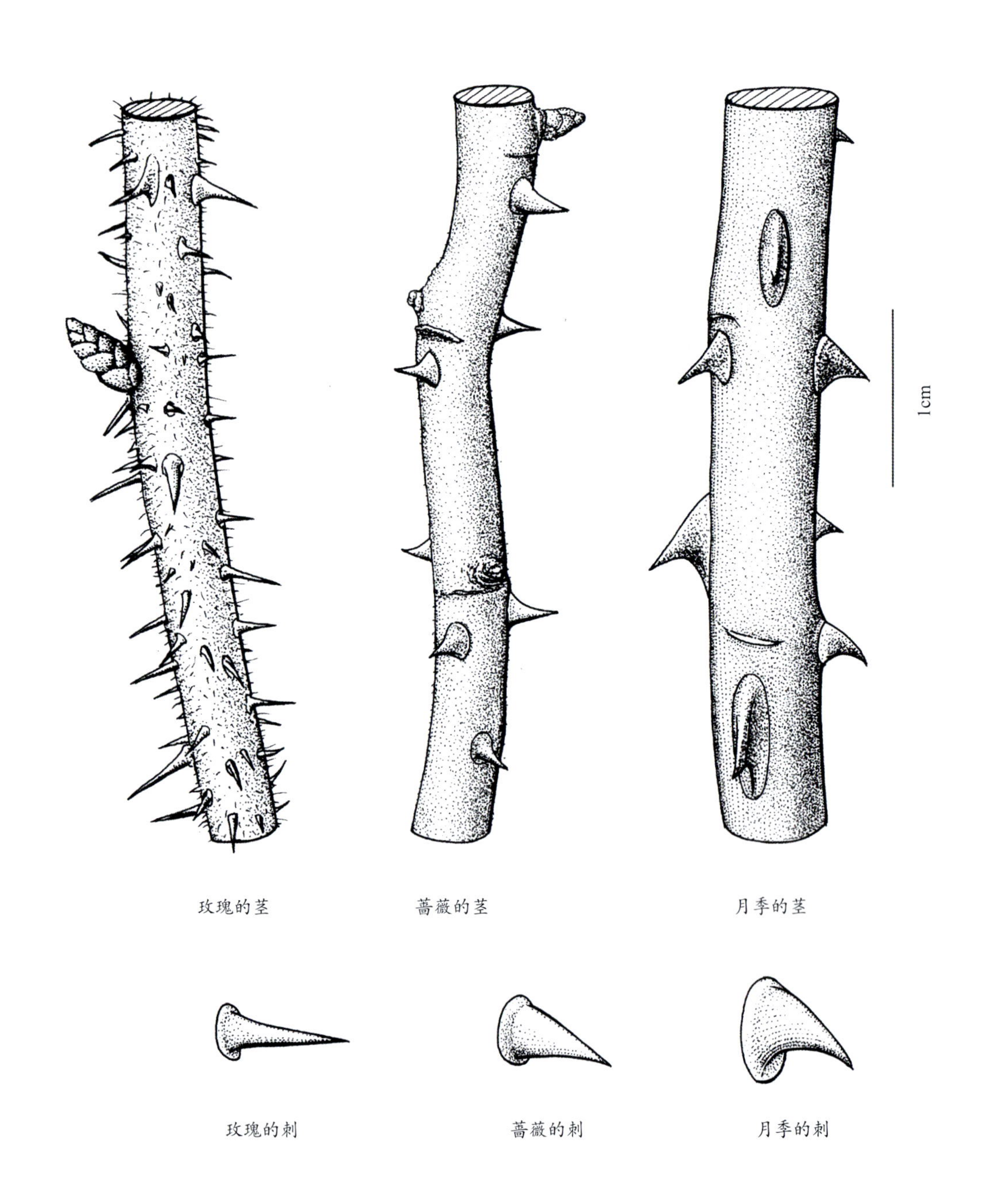

图29　玫瑰、蔷薇、月季茎与刺的绘画

2.1.2 茎的科学观察体验方式

轻触方式：让学员轻轻触摸茎上的刺（图30）。

图30 月季的茎一段

 2.2 叶的科学绘画

此部分内容包括三个教学模块，分别为：玫瑰叶、蔷薇叶、月季叶。教师根据教学主题，挑选一个植物教学模块或者多个植物教学模块进行教学。

2.2.1 绘画步骤

选取玫瑰、月季或蔷薇一片完整的叶片。

第一步：初稿构图

认识所选取叶片的主要结构和相关内容。先用铅笔定位叶片的长度，各小叶的生长位置与排列方式，叶柄基部的叶耳，叶柄上的小钩刺的位置和具体形态之后，轻轻勾勒出来（图31）。

绘画要点：蔷薇叶柄基部叶耳的具体形态，以及撕裂状的附属物；叶柄上的小勾刺形态。

图31　蔷薇叶的绘画步骤1

第二步：深入刻画特征

把叶片的组成结构——叶耳形态，小叶的数量与主脉和侧脉，叶边缘锯齿的发生位置和具体形态，勾刺的形态进行明确的刻画（图32）。

绘画要点：叶柄的右侧线条加粗；刺的方线条加粗，增加立体感；叶缘右侧锯齿的线条加粗。

第三步：质感与效果

把叶柄的右侧的线条加粗，展现质感与立体效果（图32）。

绘画要点：手眼协调统一，把握好整体线条的均匀度；叶柄的左侧为受光面，右侧作为背光面，所以，右侧用的线条要比左侧的粗一些，可以很好地突出立体的效果；刺比较纤细而少数，可以不用衬阴，但可以把右下侧的线条加粗一些。

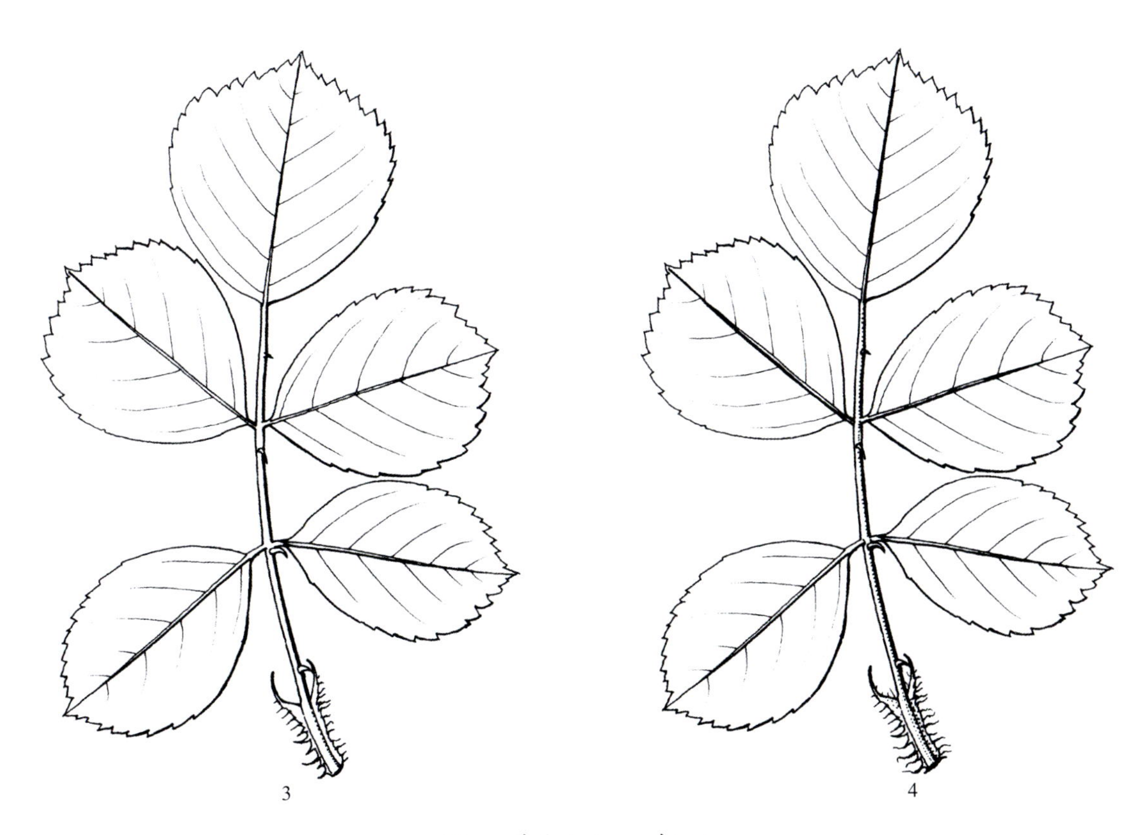

图32　蔷薇叶的绘画步骤2

第四步：墨线定稿

在铅笔稿上用墨线描绘一遍，把内容进行确认和定型。最后用橡皮以点擦的方式擦除铅笔底稿（图33至图35）。

（注意：擦除铅笔线条时要等待墨线完全晾干时进行；另外，还可以用硫酸纸蒙在铅笔底稿上，用墨线描绘完成。）

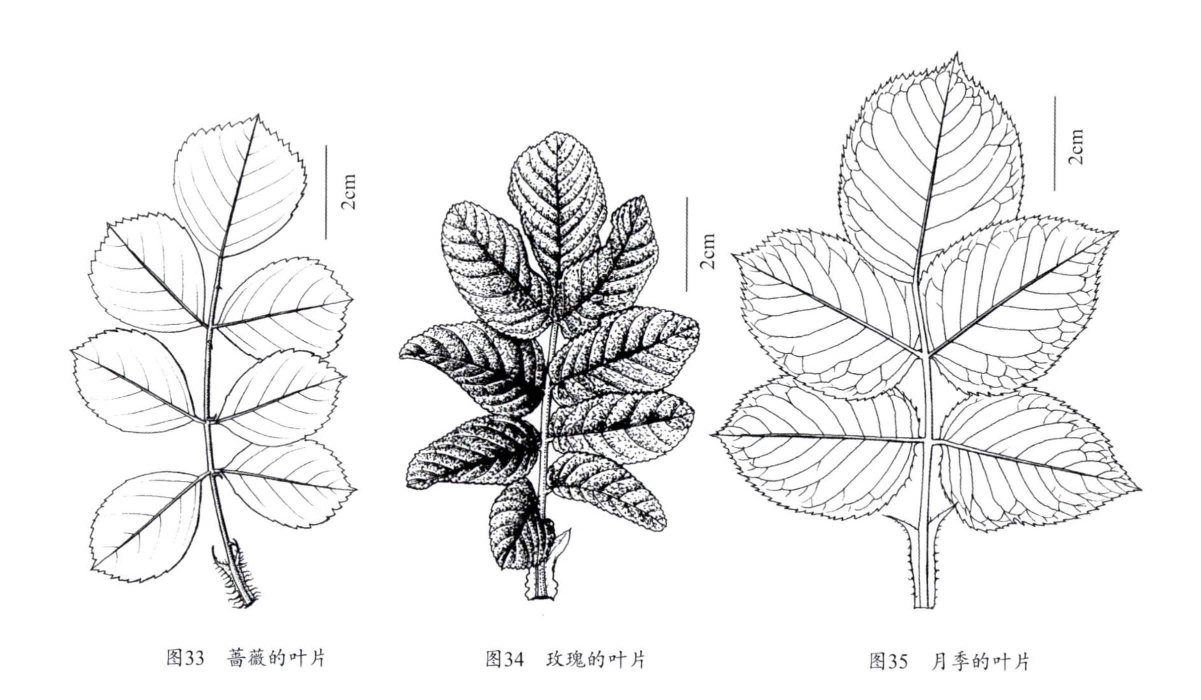

图33　蔷薇的叶片　　图34　玫瑰的叶片　　图35　月季的叶片

2.2.2　叶的科学观察体验方式

方式一：轻触。

方式二：轻捻叶片后，闻叶片的味道。

2.3 花的科学绘画

此部分内容包括三个教学模块，分别为：玫瑰花、蔷薇花、月季花。教师根据教学主题，挑选一个植物教学模块或者多个植物教学模块进行教课。

2.3.1 绘画步骤

选取玫瑰、月季或蔷薇一朵盛开的花朵。

第一步：初稿构图

认识所选取花的主要形态结构（花萼、花瓣、雄蕊、雌蕊）、颜色等内容。先用铅笔定位花整体的高度和宽度，花萼与花瓣的的生长位置与排列方式；叶柄上面的毛刺等，在画纸上轻轻勾勒出来（图36）。

绘画要点：叶柄上面的糙毛和小皮刺形态，以及花萼与花瓣的自然形态。

图36 月季的花初步铅笔稿

第二步：深入刻画特征

把花柄上面的糙毛和小皮刺，花萼的形态，各花瓣边缘的不同反卷形态和相互关系进行深入而清晰的绘画（图37）。

绘画要点：花柄的右侧线条加粗；花萼的右侧线条加粗；花瓣近缘边线和右侧边线加粗。

图37　月季的花（墨线稿并展示细节）

第三步：质感与效果

把花柄与花萼的质感和花瓣部位的质感与立体效果，用不同密度的点进行呈现（图38）。

绘画要点：手眼协调统一，把握好整体线条和点的均匀度；花柄的左侧为受光面，右侧作为背光面，所以，右侧用的线条要比左侧的粗一些，点的密度要大一些，这样就很好地突出质感与立体效果。

图38　月季的花（墨线与点的最终绘画效果）

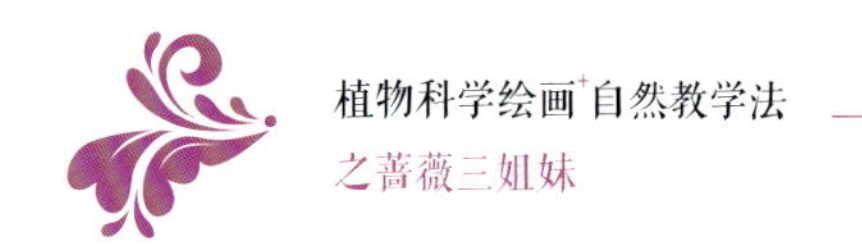

第四步：墨线定稿

在铅笔稿上用墨线描绘一遍，把内容进行确认和定型。最后用橡皮以点擦的方式擦除铅笔底稿（图39）。

（注意：擦除铅笔线条时要等待墨线完全晾干时进行；另外，还可以用硫酸纸蒙在铅笔底稿上，用墨线描绘完成。）

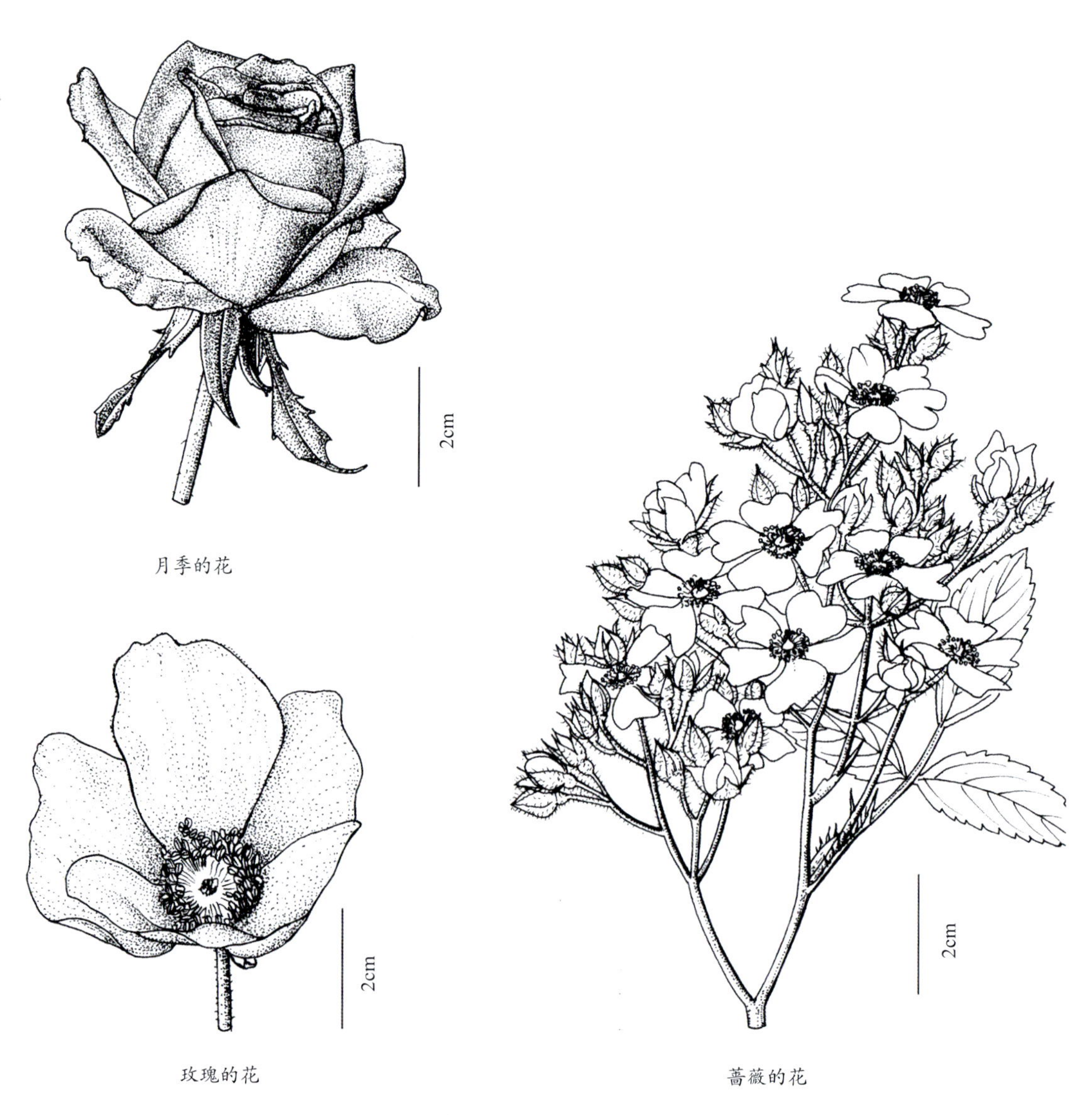

图39　月季、玫瑰与蔷薇的花绘画效果

图40　月季的花

2.3.2 花的科学观察体验方式

方式一：观察外部形态（图40和图41）。

方式二：闻，玫瑰有着明显香气。

方式三：花的解剖。

图41　月季的花枝一段

2.4　果的科学绘画

此部分内容包括三个教学模块，分别为：玫瑰果、蔷薇果、月季果。教师根据教学主题，挑选一个植物教学模块或者多个植物教学模块进行授课。

2.4.1　绘画步骤

选取月季、蔷薇或玫瑰的一个果枝（蔷薇属的果实都称为蔷薇果）。

第一步：初稿构图

认识所选取果实的主要结构和相关内容。先用铅笔定位果实的形状和长度、宽度的数据；果柄上的小皮刺和糙毛、宿存花萼的具体形态，都轻轻地在纸上进行勾画（图42）。

绘画要点：月季果实的具体形态；柄上的小皮刺；宿存花萼的形态。

第二步：深入刻画特征

把果柄及皮刺形态，果实的形状，宿存花萼进行明确的刻画（图42）。

绘画要点：果柄及果实的右侧的线条加粗，增加立体感；宿存花萼的右侧线条加粗。

图42　月季的果实（初步绘画与特征展现）

第三步：质感与效果

把果柄和果实右侧的线条加粗；果实部位可以用均匀的点进行立体效果的展现（图43）。

绘画要点：手眼协调统一，把握好整体线条的均匀度；果柄及果实的左侧为受光面，右侧作为背光面，所以，右侧用的线条要比左侧的粗一些，可以很好地突出立体效果；刺的右下方的线条可以稍加粗。

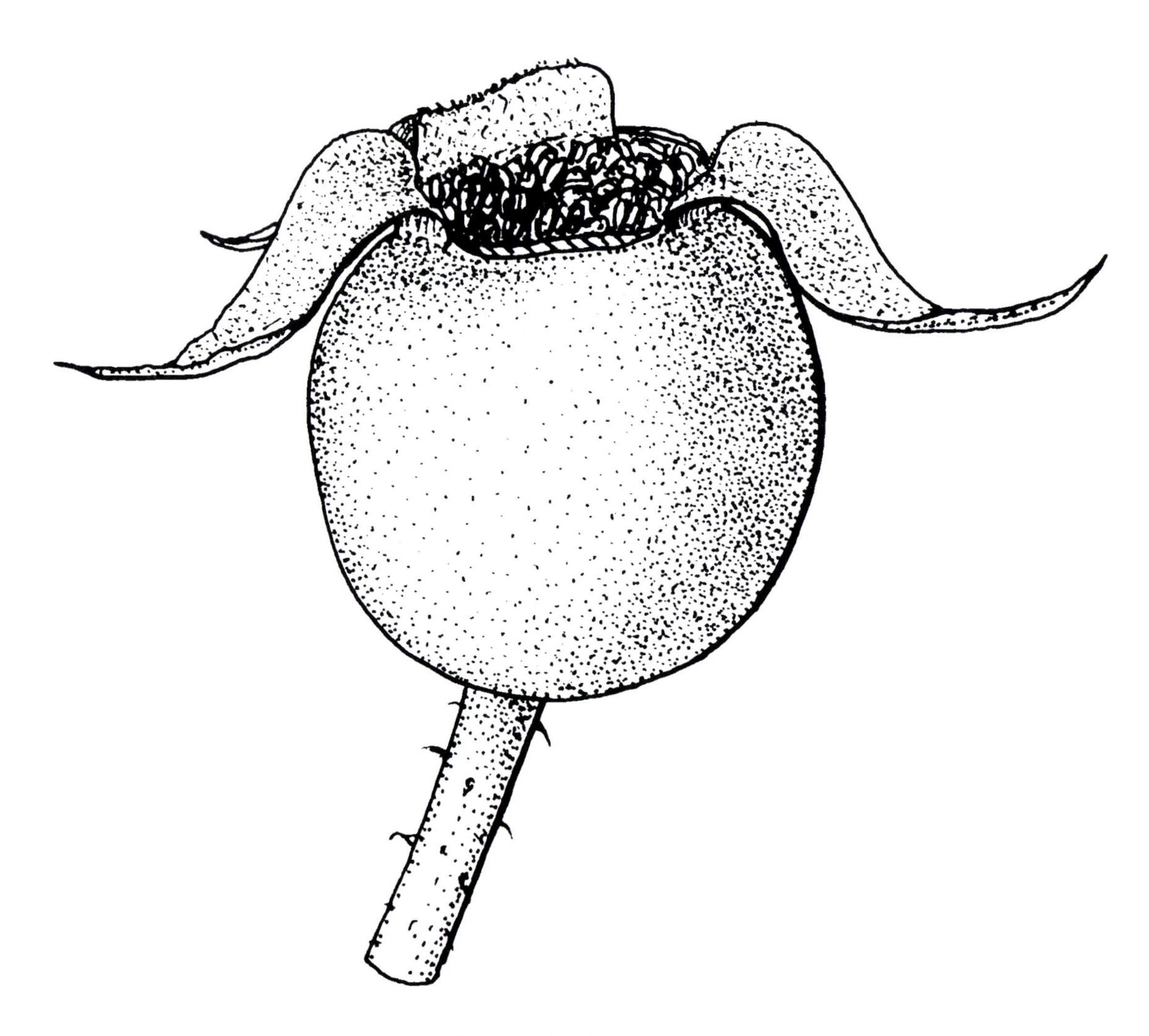

图43　月季的果实（墨线与点的最终绘画效果）

第四步：墨线定稿

在铅笔稿上用墨线描绘一遍，把内容进行确认和定型。最后用橡皮以点擦的方式擦除铅笔底稿（图44）。

（注意：擦除铅笔线条时要等待墨线完全晾干时进行；另外，还可以用硫酸纸蒙在铅笔底稿上，用墨线描绘完成。）

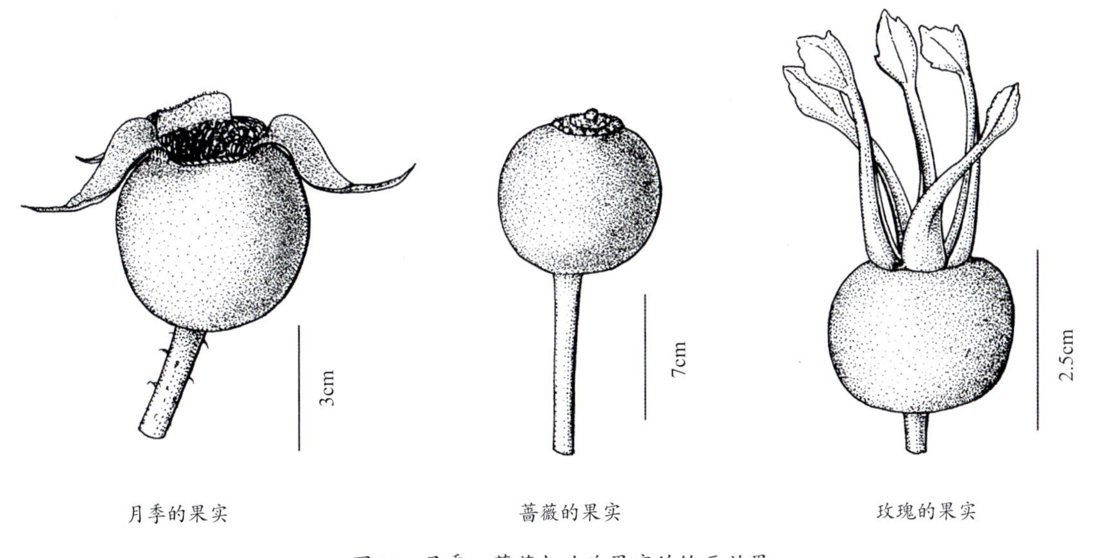

图44　月季、蔷薇与玫瑰果实的绘画效果

2.4.2　果的科学观察体验方式

方式一：观察果实的整体形态；花萼的形状及是否存在。

方式二：观察果实的颜色和大小（图45）。

图45 玫瑰、月季与蔷薇的果实

第3部分

蔷薇三姐妹植物生态游戏

游戏是孩子学习的一条主要的和重要的途径。以游戏的形式组织孩子的活动，能够促进孩子各项能力的迅速发展和增长孩子的智力。

生态游戏一：我是蔷薇三姐妹

❶ **生态游戏属性：**开放式植物结构类游戏。

❷ **知识目标：**区分蔷薇三姐妹的形态结构与特点。

❸ **游戏方式：**设计卡牌属性，分组比赛，凑齐一套完整结构的植物卡片。

❹ **物料：**30张空白卡牌（建议一张A4纸裁成四份）。

❺ **环境：**室内平整地面。

❻ **个人类/团队类：**团队类，15～30人。

❼ **游戏准备：**

7.1 老师根据样例引导学生完成游戏牌的制作。

7.2 根据游戏时间，将合理数量的游戏牌打乱数量，扣在地面，摆成一个矩阵。

（注意：合理数量游戏牌，游戏牌数量越多游戏花费时间越多，请根据现场状况决定启用游戏牌数量）

7.3 将参与者平均分成3组，分别是"蔷薇组""玫瑰组""月季组"。

7.4 参与者站在距离游戏牌矩阵至少10米以外的位置准备。

❽ **游戏规则：**

8.1 每组出1名参与者，同时出发，走到游戏牌矩阵前，选取一张游戏牌并打开。

8.2 当抽到本组植物特征的游戏牌时，带回本组，下一个参与者继续；当抽到不属于本组的植物特征卡片时，必须放回原位，返回本组，下一个参与者继续；当抽到游戏牌时，带回本组，全组成员必须按照游戏牌指示完成动作后下一个参与者方可出发。

8.3 最先凑齐所有本组植物卡片的队伍即为获胜。

❾ **总结与回顾：**

9.1 时间为10分钟

9.2 内容

在游戏过程中，各组发表各自的总结；

在识别植物的过程中，有没有发现辨别蔷薇三姐妹的好方法?

在游戏过程中，你对哪张牌印象最深刻，你觉得哪张程序牌可以发挥很大的作用?

❿ **延伸内容：**

在设计游戏牌的过程中，可以围绕不同的主题来创作不同玩法的卡牌。

游戏牌样例（图46）：

空白牌

空白牌属于程序牌的一种，可以由参与者在游戏前自行设计奖惩机制。

密信牌

正确读出下面没有标明音调的拼音：
guanmu、zhongzi、qiangwei、haidai、xiatian。

一次就能读对可以在别的组抽到本组的牌时，直接拿来己用。（只能用一次）

选择牌

据估计目前世界上大约有（　）种植物。
A. 3500种
B. 350000种
C. 350000000种

（回答正确后，即可选择别的队中任一一张程序牌。）

填空牌

绿色植物具有光和作用的能力，借助光能及（ ）在酶的催化作用下，利用（ ）（ ）进行光合作用，释放（ ），产生（ ）等有机物供植物利用

提供词语：氧气、二氧化碳、叶绿体、葡萄糖、水

（全部回答正确，即可让其他两队各交出一张植物牌重新放回牌阵中。）

抢答牌

任选一题向三个队提问：

世界上最高的草——竹子
世界上最大的花——大王花
世界上最古老的树——云杉
世界上叶片最大的水生植物——王莲
世界上最硬的木头——铁桦树

（提问者和抢答最快的人均可获得一次抽卡机会。）

反弹牌

请把这张牌的效果反弹给别的队的队员完成这个挑战：

——蛙跳十个，并减少一张植物牌，放回牌阵中。

礼物牌

吟诵一首关于花的古诗，即可获得一次抽牌机会，抽到的任何卡牌，作为礼物送给有需要的人。

图46　游戏牌图例

生态游戏二：你来比划我来猜

❶ **生态游戏属性**：植物结构类游戏。

❷ **形式**：戏剧表演类。

❸ **知识目标**：识别不同形态的茎。

❹ **物料**：《不同形态的茎》的手持游戏牌（图47）。

❺ **环境**：室内或者室外平整地面。

❻ **个人类/团队类**：团队类，每组人数15～30人。

❼ **游戏准备**：

7.1 将参与者分成不同的小组，2组以上。

7.2 确认每组进行表演的队员。

7.3 将场地划分为表演区和观众区。

❽ **游戏规则**：

8.1 表演者站在表演区，观看抽取出来的《不同形态的茎》的手持游戏牌，其他同组队员不能观看。

8.2 表演者不可以说话，进行表演，由观众区的同组队员猜测茎的形态名，猜对了即得1分。

8.3 规则变化：可以规定时间，超出规定时间可以由其他组抢答。

8.4 得分最高的队获胜。

❾ **总结与回顾**：

哪个茎的形态最为优雅？

哪两种茎的形态很像？

❿ **延伸内容**：

茎的手绘。

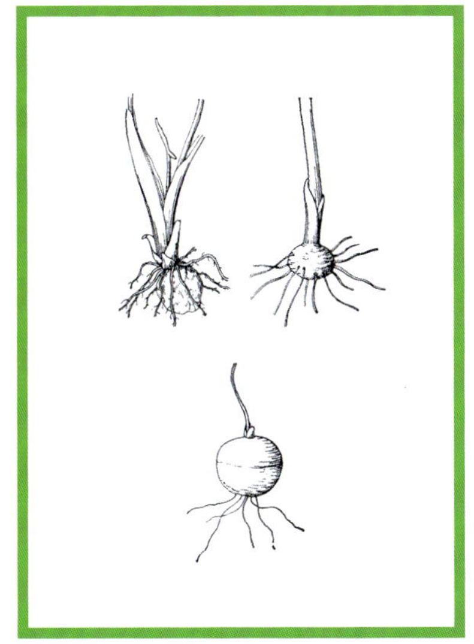

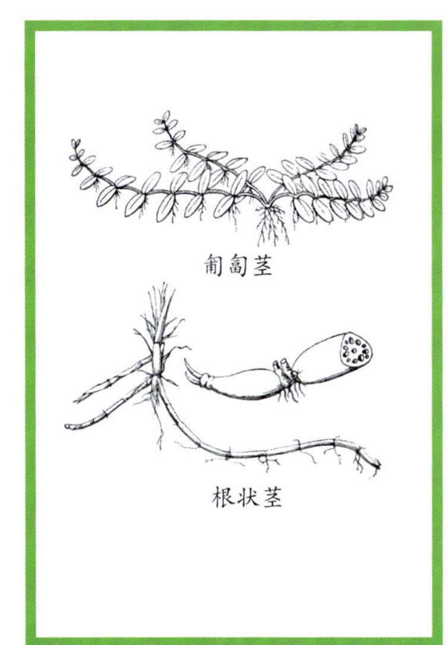

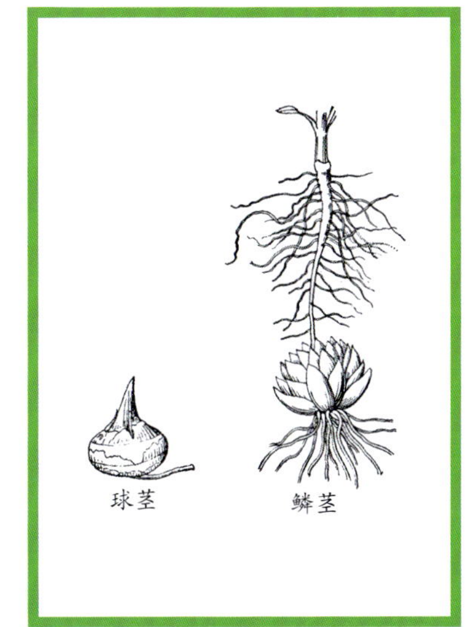

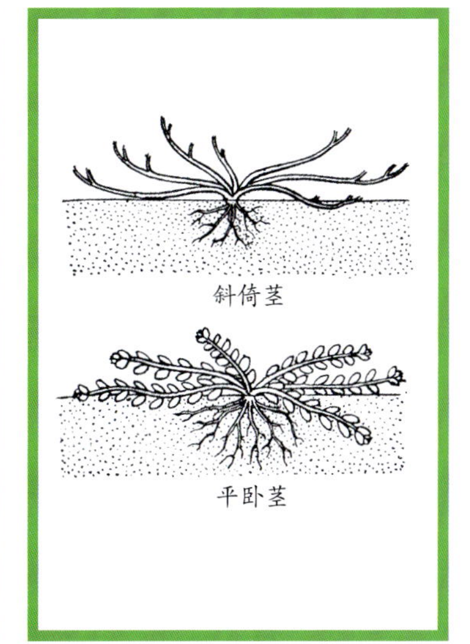

图47 《不同形态的茎》的手持游戏牌

生态游戏三：叶片中的数字秘密

❶ **生态游戏属性**：植物数学类游戏。

❷ **形式**：计算类。

❸ **知识目标**：面积估算。

❹ **物料**：矩阵学案纸、铅笔、黄色和浅绿色水彩笔。

❺ **环境**：室内或者室外平整地面。

❻ **个人类/团队类**：个人类、团队类均可。团队类，建议每小组10人左右。

❼ **游戏准备**：

7.1 分组采集一片叶子。

7.2 每组一片蔷薇三姐妹的叶片。

（注意：请引导孩子爱护环境，不做过多采集，完成此项生态游戏后请对采集下来的树叶做出其他安排，不浪费采集的自然资源。）

7.3 发放物料：发放给参与者每人一张矩阵学案纸、一根铅笔、一根黄色水彩笔和一根浅绿色水彩笔。

❽ **游戏步骤**：

8.1 用铅笔把叶片在学案纸上描出轮廓线。

8.2 用浅绿色的水彩笔涂满叶片所占位置。

8.3 用黄色的水彩笔涂满剩下的位置。

8.4 分别数绿色方格数和黄色方格数，计算出叶片的面积。叶片的面积＝所占完整方块数＋所占不完整方块数／2

❾ **总结与回顾**：

你还有没有其他的好办法来计算叶片的面积呢?

你还想知道植物的哪些数字秘密呢?

❿ **延伸内容**：

数学是一种工具，我们可以用数学更深入地挖掘更多关于植物的知识。

比如：估算一袋米的米粒的数量、计算大树的高度。只要我们开动脑筋，学习更多的本领，一定能克服种种困难，取得更大的成就。

估算叶的面积
——科普互动游戏

描完叶片边线后，用两种颜色涂出叶子所占方格。

完整的方块数量：＿＿＿＿＿个

不完整的方块数量：＿＿＿＿个

最后得出的叶子的面积是：＿＿＿＿＿平方厘米。

生态游戏四：蔷薇果的秘密

❶ **生态游戏属性**：植物形态学类游戏。

❷ **形式**：手工类。

❸ **知识目标**：认识蔷薇三姐妹果实的形态特征。

❹ **物料**：三种颜色的超轻黏土（红色、绿色、棕色）、牙签、大盒子一个；三种蔷薇果的手持卡（图48）。

❺ **环境**：室内或者室外平整地面，配套适当的桌椅。

❻ **个人类/团队类**：个人类。

❼ **游戏准备**：

7.1 摆放桌椅与物料。

7.2 此活动进行前，观察与讲解蔷薇果。

❽ **游戏步骤**：

8.1 制作果型：玫瑰扁球形；蔷薇椭球形；月季圆球形。

8.2 制作萼片：玫瑰萼片不脱落，向上生长；蔷薇萼片脱落；月季萼片打开向下。

8.3 制作退化花蕊：分别把对应的花萼部分用牙签尖部按进对应果实的洞中。粘好后，用牙签的尖部扎一些密集的点，模仿退化后的花蕊部分。

8.4 将晾干后的蔷薇果混合在一起，让参与者随机抽取，进行辨认。

❾ **总结与回顾**：

每种植物都有自己的特点，有些长得很像，有些长得又完全不同。我们怎么能找到植物的特点呢？

植物也在不断地繁衍、进化，蔷薇三姐妹同样也随着时间的推移有了很多种变种，就像我们在日常花店所见到的玫瑰其实是月季的一个变种。所以，我们在区分植物的种类时，不能以单一的角度去看，要用科学的方法，多角度、全方位去分析鉴别。

❿ **延伸内容**：

蔷薇果的解剖结构。

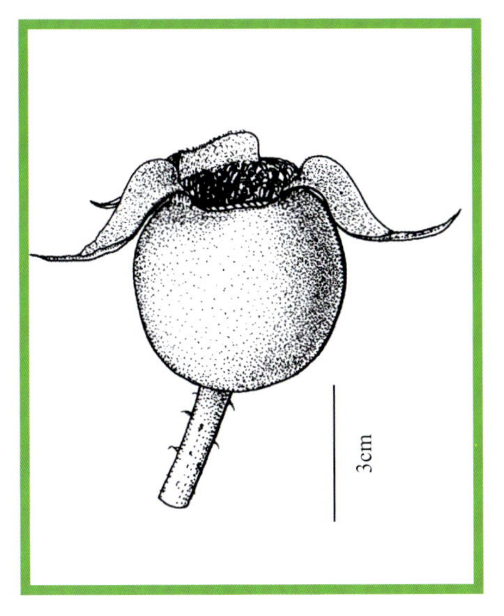

月季的果实

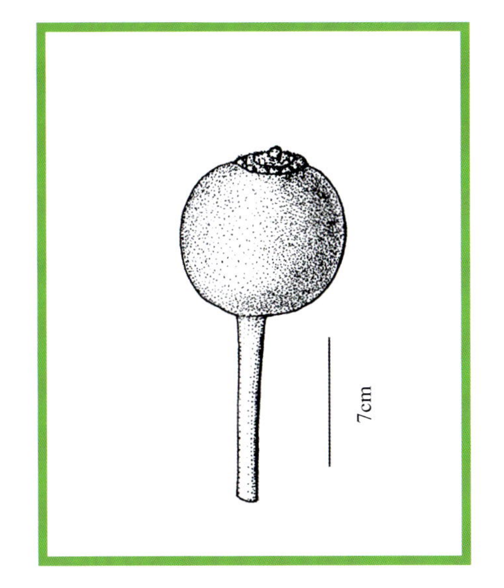

蔷薇的果实

玫瑰的果实

图48 蔷薇三姐妹的果实手持卡

生态游戏五：植物的观察日记

❶ **生态游戏属性：**植物观察与写作。

❷ **形式：**写作类。

❸ **知识目标：**分步去观察和描写植物的特点，最后完成一篇观察日记。

❹ **物料：**学案纸——观察日记模板、签字笔。

❺ **环境：**室外观察，室内写作。

❻ **个人类/团队类：**个人类。

❼ **游戏准备：**

7.1 发给参与者学案纸、签字笔。

7.2 分组排队，带领大家到室外观察植物。

❽ **游戏步骤：**

8.1 带领大家从茎、叶、花、果几部分，分步去观察。

8.2 用口头作文的方式，分别针对各个部分，描述出观察到的细节和特点。

8.3 用图文并貌的方式，记录下观察到的关键点。

8.4 用故事接龙的方式，每人一句，创编一篇关于蔷薇三姐妹有趣的口头故事。

8.5 回到室内，每人分别针对观察到的茎、叶、花等部位最突出的特点，写两三句话。

8.6 结合自身情感和想法，写一篇植物观察日记。

❾ **总结与回顾：**

你觉得用怎样的方式能把植物的特点描述得准确、细致？

描写关于植物的文章，可以从哪些角度出发？

❿ **延伸内容：**

10.1 用说明文的方式去描写植物。

10.2 用记叙文的方式去描写植物。

10.3 用议论文的方式去描写植物。

10.4 用诗歌的方式去描写植物。

生态游戏六：植株信息统计表

❶ **生态游戏属性**：植物分类统计学。

❷ **形式**：数据统计分析。

❸ **知识目标**：通过观察、填写表格来了解植物分类的方法。

❹ **物料**：学案纸——植物观察表（表3）、铅笔。

❺ **环境**：室外。

❻ **个人类/团队类**：个人类，15～30人。

❼ **游戏准备**：

发放给参与者植物观察表、铅笔。

❽ **游戏步骤**：

8.1 组织参与者到室外去寻找一株蔷薇科的植物。

8.2 记录时间、观察人等基本信息。

8.3 逐项把表格填完。

❾ **总结与回顾**：

植物的每一项特点，都对应着一串独特的DNA编码。这么多种不同DNA编码的组合造就了大自然。我们通过细致的观察，描述了植物的各种特点。下次再有没见过的植物，是不是也能用这种方法去把它记录下来呢?

❿ **延伸内容**：

10.1 当有一天，人们掌握了所有关于植物类型DNA的编码，直接可以填写表单即可创造出各种新型植物。那么试一试填写这张表单，设计出一种特别的植物，并尝试按照表单的特点将它画下来。

10.2 设想：如果真的能创造出各种各样的植物，对这个世界会有什么影响呢?

表3　植物观察表

统计植株名称及编号：

编号	性状	编码类型	编码	详细编码情况	编码记录	备注	照片	备注
1	灌丛形态	多态	0-3	直立开张（0），直立紧凑（1），拱形（2），匍匐（3）				
2	小枝颜色	多态	0-3	灰色（0），灰褐（1），紫红（2），绿色（3）				
3	小叶数目	多态	0-3	多数为7小叶（0），多数为7小叶和9小叶（1），多数为9小叶（2），多数为5小叶（3）				
4	叶型	多态	0-5	典型玫瑰叶（0），小叶（1），阔椭叶（2），极小叶（3），披针叶（4），椭圆（5）				
5	叶缘锯齿	二态	0-1	锐锯齿（0），钝锯齿（1）		照片		
6	叶轴是否有刺	二态	0-1	没有（0），有（1）				
7	叶缘是否有红	二态	0-1	没有（0），有（1）				
8	叶质	二态	0-2	薄（0），中等（1），厚（2）				
9	叶片是否光亮	二态	0-1	否（0），是（1）				
10	叶片伸展情况	多态	0-3	平展（0），微曲（1），较曲（2），极曲（3）				
11	叶脉下陷状况	多态	0-2	不下陷（0），较少下陷（1），大多下陷（2）				
12	开花次数	多态	0-2	一次（0），两次（1），多次（2）				
13	花色	多态	0-3	白（0），R-P（N）（1），R-P（2），P（3）				
14	开花时是否露	多态	0-2	不露（0），微露（1），露（2）				
15	一枝上的花数目	数目				大、中、小的范围		
16	花瓣数目	数值						
17	花径	数值				大、中、小的范围		
18	花梗长度	数值				大、中、小的范围		
19	花托是否光滑	二态	0-1	否（0），是（1）				
20	花托是否有红	二态	0-1	否（0），是（1）				
21	花型	多态	0-3	浅碟（0），碟型（1），浅碗（2），碗型（3）		照片		
22	花期	多态	0-3	早（0），较早（1），较晚（2），晚（3）		具体时间		
23	花萼颜色	二态	0-1	绿色（0），带紫色（1）				
24	萼片是否分裂	二态	0-1	否（0），是（1）				
25	香味类型	二态	0-1	不香(0)，微香（1），香（2）				
26	皮刺状况	多态	0-2	直立（0），上翘（1），下弯（2）				
27	皮刺疏密情况	多态	0-2	少（0），中等（1），多（2）				
28	雄蕊排列方式	多态	0-2	直立（0），辐射（1），平铺（2）				
29	雄蕊花丝颜色	多态	0-2	白色（0），粉红（1），黄色（2）				
30	雄蕊是否瓣化	多态	0-2	否（0），不明显（1），明显（2）				
31	雌蕊颜色	二态	0-1	绿色（0），黄色（1）				
32	雌蕊聚合体形	多态	0-1	平整（0），凸起（1）		照片		

记录人：　时间：　温度：　天气：　位置：　照片位置：

生态游戏七：蔷薇与诗

❶ **生态游戏属性：**知识拓展。

❷ **形式：**用翻译诗歌的形式，寻找植物在诗中的意义。

❸ **知识目标：**用自己的想法，把古诗翻译成现代诗。

❹ **物料：**学案纸——蔷薇与诗、铅笔。

❺ **环境：**室外。

❻ **个人类/团队类：**个人类，15~30人。

❼ **游戏准备：**

发放给参与者学案纸——蔷薇与诗、铅笔。

❽ **游戏步骤：**

8.1 组织参与者一起朗读学案纸上的古诗。

8.2 让每位参与者独立完成现代诗的翻译，填写学案纸。

8.3 填完之后把学案纸交给老师。

8.4 现场挑一些有想法的、有趣的作品进行朗读展示。

❾ **总结与回顾：**

诗，又称诗歌，是一种用高度凝炼的语言，形象表达作者丰富情感，集中反映社会生活并具有一定节奏和韵律的文学体裁。诗乃文学之祖，艺术之根。从诗的角度去感受植物，是不是也别有一番滋味呢?

❿ **延伸内容：**

10.1 诗的填空。

10.2 现代诗的创作。

用填空的方式把下面古诗改写成现代诗

春　日

［宋］秦观

一夕轻雷落万丝，霁光浮瓦碧参差。
有情芍药含春泪，无力蔷薇卧晓枝。

轻雷响过，春雨（　　　　　　　　　　）。
雨后初晴，阳光（　　　　　　　　　　）。
春雨过后，芍药（　　　　　　　　　　）；
蔷薇横卧，娇态（　　　　　　　　　　）。

蔷薇花

［唐］杜牧

朵朵精神叶叶柔，雨晴香拂醉人头。
石家锦幛依然在，闲倚狂风夜不收。

朵朵蔷薇（　　　　　　　　　　　　），
雨后晴天（　　　　　　　　　　　　）。
石家的玉锦幛（　　　　　　　　　　），
在风雨交加的夜晚（　　　　　　　　）。

忆东山二首

［唐］李白

不向东山久，蔷薇几度花。
白云还自散，明月落谁家。
我今携谢妓，长啸绝人群。
欲报东山客，开关扫白云。

东山我很久（　　　　　　　　　　　），
不知昔日种在洞旁的蔷薇（　　　　　）？
环绕白云堂的白云（　　　　　　　　）？
明月堂前的明月（　　　　　　　　　）？
我现在像谢安一样携领东山歌舞妓，
长啸一声（　　　　　　　　　　　　）。
我准备（　　　　　　　　　　　　　），
为我打开（　　　　　　　　　　　　）。

日　射

［唐］李商隐

日射纱窗风撼扉，香罗拭手春事违。
回廊四合掩寂寞，碧鹦鹉对红蔷薇。

阳光（　　　　　　　　　　　　　　），
香罗帕（　　　　　　　　　　　　　）。
回廊（　　　　　　　　　　　　　　），
有一只绿鹦鹉（　　　　　　　　　　）。

生态游戏八：植物童话情景剧表演

❶ **生态游戏属性：**情景剧表演。

❷ **形式：**戏剧表演。

❸ **知识目标：**理解植物生长的不容易。

❹ **物料：**角色卡、配音卡、道具卡（图49）、表演模板——旁白。

❺ **环境：**室内外均可。

❻ **个人类/团队类：**团队类，15～30人。

❼ **游戏准备：**

选出10名参与者扮演植物，让这10名参与者抽取角色卡片选出自己要扮演的角色。剩下的参与者分成3组，负责音效。把表演需要的道具提前跟相应的人说明。

❽ **游戏步骤：**

8.1 老师先带领大家熟悉表演流程，明确每个人的表演任务和配音任务。

8.2 大家按照自己的角色练习对白和动作，还不明白的同学可以求助老师。

8.3 正式的表演开始。老师负责旁白部分，大家依次按照旁白指引完成整个演出。

8.4 老师进行总结、回顾与点评。

❾ **总结与回顾：**

玫瑰是怎么吸收水分的？

玫瑰的根做了一件什么勇敢的事？

玫瑰的种子是怎么播种到其他地方的？

怎样能让其他人不随意地乱摘花朵？

是谁要伤害玫瑰，又是谁保护了玫瑰？

蜜蜂和玫瑰是一种什么样的关系？

❿ **延伸内容：**

植物的光合作用。

角色卡

配音卡

道具卡

图49　表演卡片

交互课程一：植物版成长的烦恼

形式：情景剧

–互动意义：孩子们通过情景剧表演，来理解植物一生生长的不容易，增强环保意识。

–互动目标：掌握植物生长的必要条件，引导孩子们去观察、保护植物。

–互动策略：情景剧——包含语言认知、身体运动认知、内省认知、音乐认知。

–互动结构：旁白解说+10个孩子的现场互动表演+集体环境音效创作。

–互动准备：12份旁白解说词+互动卡片《植物版成长的烦恼》+爱护生命的小木牌+花粉道具+排成一列的蚜虫道具+玫瑰的教师手持图+一套音效卡片+音效清单+七张彩虹卡。

–互动环境与人数：室内或室外空地上均可。

–互动人数：30～40人（旁白1人，主角1人，其他角色9人，道具师1人，音效师若干）。

–互动内容：

1. 引入5～10分钟　开场介绍，教师提问“你们有用种子种过花吗？”“你们有观察过种子的生长过程吗？”“种子成长到开花会遇到困难吗？”“我们现在就一起来感受一下植物版的成长烦恼吧！”

“我们选出今天的表演者11人、道具师1人（配合老师管理发放情景剧道具），剩下的所有人一起来做音效师。”

“很高兴今天能和大家一起演出这个特别的情景剧，所有人都是这次演出的必不可少的参与者，我们能不能一起完成这场精彩的表演？那么，现在开始！”

2. 操作20～30分钟 给旁白、10个表演者文字稿，让表演者每人抽一张卡牌。音效师分发音效卡：猫头鹰（1人）；风声（10人）；乌鸦声（3人）；蟋蟀声（3人）；树叶声（5人）；知了声（3人）；雨声（10人）；轰隆的雷声（1人）；清晨鸟叫声（3人）。

［十粒种子——表演者分别每人抽一张卡片，然后在舞台中央蹲成一排（把抽到玫瑰和土壤的卡片的演员放在场中间，其他人在他们两边依次排开），卡片藏在手掌中。］

剧本内容

旁白：在一个大城市的废弃的空地上，刚下过一场春雨，泥土突然有些异样，好像有什么东西马上就要从土壤中钻出来了。

十粒种子：（共同说）大家好，我们是种子精灵！

主角：我不知道我为什么会来到这里，不过我想，我一定有我来到这里的道理。

旁白：小种子们使劲地扭动身体，但是还是只有一粒种子从泥土中慢慢伸展出来，长出地面。

十粒种子：（其中主角做动作：从蹲下到慢慢扭来扭去再站起身，双手合掌上举）

（其他九粒种子没有发芽，蹲在地上扭动几下就不动了。）

［知识点：玫瑰的种子成活率不会太高。当前的所有玫瑰、月季和蔷薇都是用扦插的形式进行繁殖的。这样效率高，也会节省很多费用和养护时间。］

旁白：不久，一位仙子经过此地，对着没发芽的种子施展了神奇的魔法。结果，一粒种子变成了肥料精灵（蹲着走，暂时退场），一粒种子变成了蜜蜂精灵（飞走，暂时退场），一粒种子变成了风精灵（举起并晃动胳膊，暂时退场），一粒种子变成了瓢虫精灵（双手掐腰飞舞，暂时退场），一粒种子变成了孩子（正常走，暂时退场），一粒种子变成了老师（露出微笑，暂时退场），一粒种子变成了鸟精灵（飞着走，暂时退场），一粒种子变成了雨精灵（晃动手指，暂时退场），一粒种子变成了泥土精灵（双脚并拢蹲在场上，不必退场），最后，只剩下一粒种子伸展开了叶片（双手打开，形成两片叶子，留在场上）。

（旁白每念一句，抽到对应卡片的同学起立，表演出卡片上的动作，慢慢走到舞台的两侧候场。）

旁白：第一天，小苗很瘦弱的样子，站都站不直。

主角：（身体摇晃，柔弱的样子）哎呀……哎呀……

旁白：这时，肥料默默来到小苗身边。

肥料：（肥料走到主角身边，为它施展魔法。）

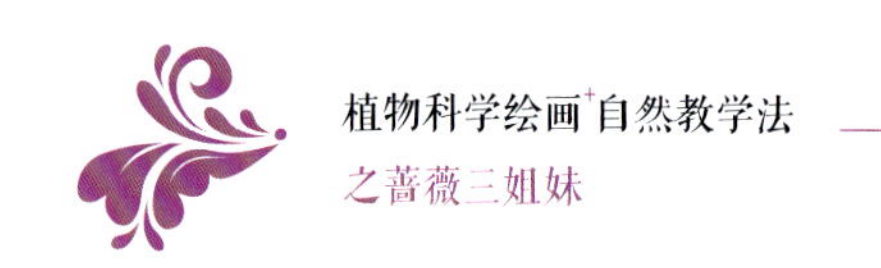

旁白：没想到小苗一下子变得强壮了，长出了茂盛的叶片，小苗和肥料都很开心！

主角：（自信地站直身体，不再摇摆）嘿嘿嘿……

肥料：（肥料绕着主角开心地转圈，然后退场。）

旁白：你看！它的小叶七个一组，组成一片大的叶片。茎上长满了密集的小刺，原来她是—

台下所有人回答：玫瑰！

旁白：太阳慢慢下山了，天渐渐黑了起来，有些生物睡了，有些才刚刚醒来。

主角：（微笑着闭上眼睛，做出站立睡觉的动作）真是开心的一天！

音效：（用猫头鹰、乌鸦声、风声、树叶沙沙声同时表演出第一个夜晚，预示着第一天结束。夜晚音效10秒钟。接着用清早的乌鸦声开启下一天。）

旁白：第二天，雾霾来临，空气泛起了昏黄色，整个城市压抑得人喘不过气来。

主角：今天的空气味道怎么这么奇怪，脏兮兮的！不过没办法，我还是要呼吸啊！（大口呼吸）

旁白：玫瑰拼命地呼吸着，没想到这空气中的有害物质让她感觉非常难过，她大口大口地呼吸，想净化这一片空气，却因为力量微薄，导致她也开始咳嗽～～～

主角：（大口呼吸，接着咳嗽三声。）

旁白：这时，风精灵来了，风大口大口地吹，雾霾被吹散了！

风精灵：（上场后，开始吹气，长吹两下。）

旁白：玫瑰和风精灵都很开心！这时，玫瑰的头顶已经顶了一朵花骨朵，马上就要绽放了！

风精灵：（轻轻摸了摸玫瑰的头顶绕着转了两圈，微笑着退场。）

旁白：你看，风和植物也是好朋友呢！太阳又落山了，天渐渐黑了起来，有些生物睡了，有些才刚刚醒来。

主角：（微笑着闭上眼睛，做出站立睡觉的动作）真是开心的一天！

音效：（用猫头鹰、知了声、风声、树叶沙沙声同时表演出这一个夜晚，预示着第二天结束。夜晚音效10秒钟后，响起黎明的鸟叫声，叫5秒钟结束。）

旁白：第三天，玫瑰花终于开了，散发着阵阵香气。

［道具师把花蜜道具放在玫瑰的花里。］

主角：（双手摆成一朵花形，开心地微笑，闻一下自己的手）哇！好香啊！

旁白：香气引来了蜜蜂精灵，蜜蜂精灵绕着玫瑰花转了一圈，然后钻进了花心，花粉沾了蜜蜂满身满脸，可爱极了！

蜜蜂精灵：（上场，用手和头蹭蹭玫瑰花。在采蜜的过程中把花蜜粘到衣服上和

头上。）

旁白：玫瑰和蜜蜂精灵都很开心！蜜蜂告别了玫瑰，他得赶去下一朵花了！

蜜蜂精灵：（绕着玫瑰飞两圈，退场。）

旁白：蜜蜂精灵带着这朵花的花粉，飞到了另一朵花上，这样一朵花的传粉就完成了！蜜蜂精灵的功劳是不是很大呢？植物是不是也很有智慧呢？太阳又落山了，天渐渐黑了起来，有些生物睡了，有些才刚刚醒来。

主角：（微笑着闭上眼睛，做出站立睡觉的动作）真是开心的一天！

音效：（用猫头鹰、乌鸦声、风声、树叶沙沙声同时表演出这一个夜晚，预示着第三天结束。夜晚音效10秒钟后，响起黎明的鸟叫声，叫5秒钟结束。）

旁白：第四天，天刚蒙蒙亮，一排小小的蚜虫爬上了玫瑰。它们把尖尖的刺刺入玫瑰的茎、叶、花，吸食她的营养，玫瑰浑身无力、难受极了。

[道具师拿着一排蚜虫道具，粘到玫瑰的身上。]

主角：（浑身抖动难受的样子）“救救我，救救我……”

旁白：这时，一只瓢虫精灵飞了过来，把蚜虫一个一个吞掉。

瓢虫精灵：（上场，飞到玫瑰这里，用手假装拿起蚜虫，一个一个吞掉。）

旁白：玫瑰和瓢虫精灵开心极了，玫瑰又焕发了活力，现在她已经开了好几朵花了。

瓢虫精灵：（绕着玫瑰飞两圈，然后退场。）

旁白：你看！瓢虫不但帮助了玫瑰，同样玫瑰也帮助了瓢虫填饱肚子。这就是互惠互利啊！你们知道这只瓢虫精灵的名字吗？（以蚜虫为食的瓢虫有：七星瓢虫、异色瓢虫、六条瓢虫和龟纹瓢虫。以白粉病菌等为生的瓢虫有：黄瓢虫和白瓢虫。以植物为生的瓢虫有：大二十八星瓢虫—也称为马铃薯瓢虫，以吃马铃薯叶子为生；茄二十八星瓢虫，以茄叶为生。以介壳虫为食的瓢虫有：大突肩瓢虫、澳洲瓢虫、黑缘红瓢虫。）太阳又落山了，天渐渐黑了起来，有些生物睡了，有些才刚刚醒来。

主角：（微笑着闭上眼睛，做出站立睡觉的动作）真是开心的一天！

音效：（用猫头鹰、知了、风声、树叶沙沙声同时表演出这第一个夜晚，预示着第四天结束。夜晚音效10秒钟后，响起黎明的鸟叫声，叫5秒钟结束。）

旁白：第五天，天气一如即往的好。一个孩子走到了玫瑰的身边，刚要伸手去摘。

孩子：（上场，走到玫瑰身边，伸手摘花的动作，然后定格不动。）

旁白：这时，老师走到他的身边说—

老师：（上场，走到孩子身边，然后微笑着说）你也喜欢这朵花吗？你看她的叶子绿油油的，可以净化空气，她的花多么漂亮，这个世界都因为她变得更美。她的茎上长满了刺，因为她也想保护自己不被伤害。你说她是不是值得我们尊敬呢？

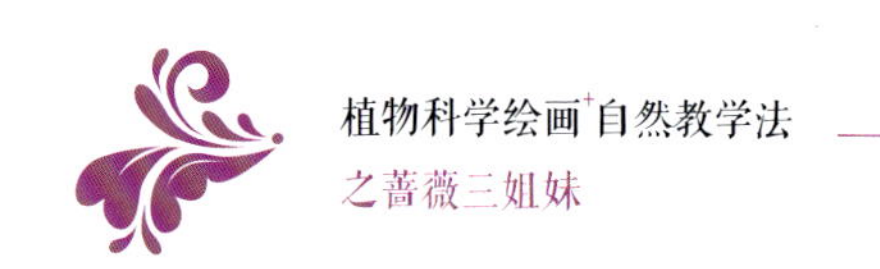

孩子：（认真地看了看玫瑰，点着头说）我会爱护你的！

［孩子到场下拿爱护生命的卡片，再次上场。］

旁白：玫瑰和老师都很开心！后来，孩子在玫瑰身边插了一个木牌—爱护生命！

孩子：（找来一个写着爱护生命的卡片，放在玫瑰手里，然后和老师手拉手退场。）

旁白：有时候我们都可能会犯错，不过能及时调整自己的做法，那就一定会有进步。天渐渐黑了起来，有些生物睡了，有些才刚刚醒来。

主角：（微笑着闭上眼睛，做出站立睡觉的动作）真是开心的一天！

音效：（今晚没有动物叫声，所有人都发出呜呜的风声。夜晚音效10秒钟。）

旁白：第六天，玫瑰这么多天经历了这么多事，已经又累又渴，她多么希望能来一场雨给她解解渴啊！

主角：（用手擦擦汗，嘴巴张开喘着气，用沙哑的声音说）要是能下场雨该多好啊！

旁白：这时，雨精灵来了，

雨精灵：（雨精灵上场，对着玫瑰上方的天空施展法术—双手对着天晃动。）

旁白：雨滴拍打着玫瑰的叶子，又滴落到玫瑰的根部，泥土里的根迅速地蔓生出来大口喝水的须根，小水滴顺着根系来到了茎，又从茎运输到叶和花，现在整个玫瑰又重新焕发了活力，玫瑰和雨都很开心！

雨精灵：（雨精灵更加开心、更加卖力地施法。动作更夸张一些。）

旁白：这一天，玫瑰做了一个梦，梦见了她和她的孩子们在雨水的浇灌下长成了一片玫瑰花园……

主角：（微笑着闭上眼睛，做出站立睡觉的动作）真是开心的一天！

音效：（今晚找几个人发出低声的轰鸣作为雷声，剩下的所有人都发出哗哗的下雨声。夜晚音效10秒钟。）

旁白：第七天，雨继续下着，越下越大。玫瑰和雨精灵开始了下面的对话。

雨精灵：（继续卖力地施展魔法。）

主角：（晃动着身体，快被雨浇倒了，有点担心地说）够了够了，不需要再下了！

雨精灵：还不够还不够，还差得远呢！

旁白：这时泥土精灵醒了过来。

泥土精灵：（ 双手握紧抱拳上场，把拳头模拟成小土粒，走道玫瑰身边。）不要怕，用你的根紧紧地抓住我，这样你就不会被冲走了。

主角：（玫瑰用手模拟根，双手握住泥土精灵的拳头。）幸亏有你帮忙！这下我就不怕了！

旁白：雨精灵又整整下了一天，玫瑰在泥土精灵的陪伴下度过了一个凉飕飕的夜晚。

主角：（双手抱着身体，着闭上眼睛，做出站立睡觉的动作）

音效:（今晚一半的人模拟风声，另一半的都发出哗哗的下雨声。夜晚音效10秒钟。）

旁白：第八天，雨精灵继续下着，丝毫没有停的意思，玫瑰有了泥土精灵的保护，变得更加坚强。不久，太阳精灵出现了，它照亮了天空，雨精灵也越来越小，最后消失了。

太阳精灵：（上场，释放阳光，赶走了雨精灵。玫瑰松开泥土精灵的手，泥土精灵现在可以继续蹲下睡觉了。）

旁白：玫瑰和太阳开心极了！玫瑰看着天边出现了一道美丽的彩虹

[场下的七个精灵分别拿出：红、橙、黄、绿、蓝、靛、紫七种颜色的色卡举到头顶，连成一条彩虹。]

主角：（仰头45°角看天上的彩虹，摸着自己的肚子，微笑着说）孩子们，你们见过彩虹的样子吗？

太阳精灵：（慢慢地移动到场外，表演太阳也落山睡着了。）

旁白：夏天雨后，乌云飞散，阳光照射到空中的水滴里，发生了折射与反射产生了彩虹。你看，从外到内，彩虹的颜色分别是：红、橙、黄、绿、蓝、靛、紫。多美好啊！太阳落山了。天渐渐黑了起来，彩虹不见了，有些生物睡了，有些才刚刚醒来。

主角：（微笑着闭上眼睛，做出站立睡觉的动作）明天一定是开心的一天！

音效：（用猫头鹰、蟋蟀、风声、树叶沙沙声同时表演出这一个夜晚，预示着第八天结束。夜晚音效10秒钟后，响起黎明的鸟叫声，叫5秒钟结束。）

旁白：第九天，玫瑰的最后一片花瓣掉落后，她的肚子越来越大，她马上要当妈妈了！她要当妈妈了！

主角：（双手并拢鼓起手心，模仿花的子房）孩子，你们马上就要开始你们的生命旅程了！

旁白：这时，鸟精灵飞了过来，吃掉了玫瑰的果实，飞走了！

鸟精灵：（发出“啾啾啾”的声音飞入场上，吃掉玫瑰花的子房，然后张嘴假装吃掉，做出吞咽的动作，最后发出“啾啾啾”的声音退场。）

旁白：玫瑰很开心！她的宝宝会在哪里安家呢？她的宝宝也会经历这么多磨难吗？不管怎样，只要坚强就一定能好好地活下去！

主角：（微笑着闭上眼睛，做出站立睡觉的动作）无论你们在哪，大自然都是我们的家！

音效：（用猫头鹰、蟋蟀、风声、树叶沙沙声同时表演出这一个夜晚，预示着第

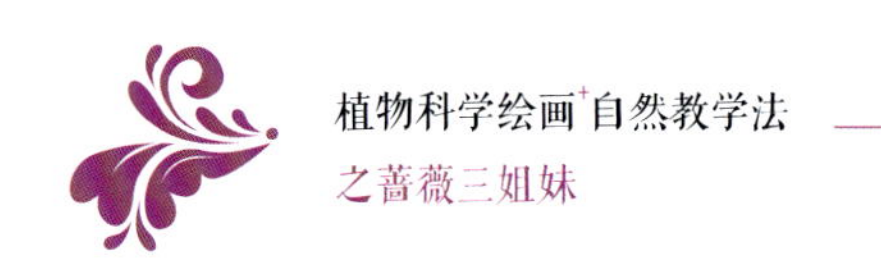

九天结束。夜晚音效10秒钟后，响起黎明的鸟叫声，叫5秒钟结束。）

旁白：第十天，小鸟的粪便落在了学校的草坪里。十粒种子渐渐舒醒过来……

音效：（黎明的鸟叫声、蟋蟀声、知了声、风声此起彼伏。）

十粒种子：（蛙跳上场，模仿种子掉落到土地上，上场后排成一排，蹲在场上，然后蹲着伸个懒腰，打个哈欠，慢慢起身，扭动着身体，最后站好，双手举起，模仿种子发芽。最好能轻柔地晃动身体和叶片，模仿大自然中风的感觉。）

全剧终，所有人都排成一排，整齐地鞠躬致谢！

音效卡片9张：猫头鹰（1人）；风声（10人）；乌鸦声（3人）；蟋蟀声（3人）；树叶声（5人）；知了声（3人）；雨声（10人）；轰隆的雷声（1人）；清晨鸟叫声（3人）

音效对照清单：

第一天音效（用猫头鹰、乌鸦声、风声、树叶沙沙声同时表演出第一个夜晚，预示着第一天结束。夜晚音效10秒钟。接着用清早的乌鸦声开启下一天。）

第二天音效（用猫头鹰、知了声、风声、树叶沙沙声同时表演出这一个夜晚，预示着第二天结束。夜晚音效10秒钟后，响起黎明的鸟叫声，叫5秒钟结束。）

第三天音效（用猫头鹰、乌鸦声、风声、树叶沙沙声同时表演出这一个夜晚，预示着第三天结束。夜晚音效10秒钟。接着用清早的乌鸦声开启下一天。）

第四天音效（用猫头鹰、知了、风声、树叶沙沙声同时表演出这第一个夜晚，预示着第四天结束。夜晚音效10秒钟后，响起黎明的鸟叫声，叫5秒钟结束。）

第五天音效（没有动物叫声，所有人都发出呜呜的风声。夜晚音效10秒钟。）

第六天音效（找几个人发出低声的轰鸣作为雷声，剩下所有人都发出哗哗的下雨声。夜晚音效10秒钟。）

第七天音效（一半的人模拟风声，另一半的都发出哗哗的下雨声，夜晚音效10秒钟。）

第八天音效（用猫头鹰、蟋蟀、风声、树叶沙沙声同时表演出这一个夜晚，预示着第八天结束。夜晚音效10秒钟后，响起黎明的鸟叫声，叫5秒钟结束。）

第九天音效（用猫头鹰、蟋蟀、风声、树叶沙沙声同时表演出这一个夜晚。预示着第九天结束。夜晚音效10秒钟后，响起黎明的鸟叫声，叫5秒钟结束。）

第十天音效（黎明的鸟叫声、蟋蟀声、知了声、风声此起彼伏。）

动作注意：

① 种子发芽的动作要扭动着身体慢慢地起身，整个表演过程中，脚始终要保持在一个位置上。（最开始安排主角的种子要选在场中间。）

② 各个精灵上场时的动作要贴合角色，有一个出场前的一段表演，然后再开始对话。

③ 场下在模仿声音时，每个人的声音要轻一些，可以让声音错落有致，通过人数设置的不同来营造出声音的强弱的变化。

④ 在每天晚上过后，场下配音的过程中，稍微持续一小段时间，让大家的思维有一个调整期，充分理解每一天所展现的内容，同时也让大家对接下来的一天有一个预判。

⑤ 整个流程可以分成两部分完成，第一部分为排练（由老师组织大家先详细地演一遍，包括每个角色的动作和每个环节的音效都具体安排好，在排练的过程中加以知识的疏导，插入每一部分的植物学相关知识，让孩子们理解每个环节设计的含义）；第二部分为演出（老师负责旁白部分，控制好时间节奏，尽量不要插入其他话语干预整个演出，可以用眼神和动作引导孩子发挥，也可以让孩子勇敢地自由发挥。）

演员表：旁白、主角、肥料精灵、风精灵、蜜蜂精灵、瓢虫精灵、孩子、老师、泥土精灵、太阳精灵、鸟精灵，在场所有配音演员。

3. 总结3～5分钟：问题卡

玫瑰是怎么吸收水分的？（利用根吸收水分）

玫瑰的根做了一件什么勇敢的事？（紧紧抓住泥土）

玫瑰的种子是怎么播种到其他地方的？（通过鸟类食其果实，排出种子。多数利用扦插的方法繁殖。）

怎样能让其他人不随意地乱摘花朵？（可以竖木牌标识）

是谁要伤害玫瑰，又是谁保护了玫瑰？（蚜虫和七星瓢虫）

蜜蜂和玫瑰是一种什么样的关系？（共生、相互依存）

4. 延伸内容

大部分植物是自养的，也就是要自己养活自己。植物靠光合作用来产生有机物，而光合作用离不开水、阳光、空气的参与。这些是光合作用产生有机物的原料。

植物生活所必需的五大要素是：阳光、温度、水分、空气、养料，它们是植物的生命线。

温度对植物生长发育有着很大的影响。植物在不同的生长时期和不同的发育阶段，都需要不同的、合适的温度。

水是植物的重要组成部分。

空气中的氧、氮、二氧化碳对植物生活影响极大。

植物需要的养料很多，有碳、氢、氧、氮、磷、钾、钙、硫、镁、铁等十多种元素。

参考文献

彼得·哈克尼斯. 蔷薇秘事［M］. 王晨，张超，付建新，译. 北京：商务印书馆，2018.

李振基，李两传. 植物的智慧［M］. 北京：中国林业出版社，2019.

吴国芳，冯志坚，马炜梁等. 植物学（第二版）（下册）［M］. 北京：高等教育出版社，1992.

詹姆斯·吉·哈里斯，米琳达·沃尔芙·哈里斯. 图解植物学词典［M］. 王宇飞，赵良成，冯广平，等，译. 北京：科学出版社，2001.

中国科学院中国植物志编辑委员会. 中国植物志（第37卷）：蔷薇科［M］. 北京：科学出版社，1990.

致谢

蒙中国科学院植物研究所王文采院士的教导与培养，张辉教授及学生们提供研究资料，王英伟博士指导并提供各种资源，叶建飞博士、林秦文博士审核稿件，刘冰博士的科学指导，张培艳老师审核稿件与撰写序言，李晓东博士、崔小满老师、韩艺老师、王湜老师、李青为博士、孙国锋老师给予的帮助，蒋晓萍女士给予的支持与鼓励，基础篇内引用了刘春荣、张荣厚、蔡淑琴几位老师的图，在此表示衷心的感谢。

冒险牌

邀请其他队的一名队友，表演拔萝卜。（对方对手蹲在地上双手抱头，挑战者抓住对方的手往上拔，10秒钟之内拔动萝卜，即可获得一次抽卡机会。）

联盟牌

与其他队的一位学员握手，两人结成联盟。联盟后，只要这两个人在抽到对方的植物卡牌时，即可立即赠送给对方。结成联盟的任意一方获得最终胜利后，另一方也同样获得一份相同的奖励。

陷阱牌

抽到此牌者，可以在别的队抽植物卡牌时运用陷阱，直接把对方的这张植物牌重新放回牌阵中。

口令牌

绕口令朗读：《罐装蒜》

罐装蒜，蒜装罐，蒜罐装蒜，蒜装蒜罐。

蒜罐装蒜蒜罐满，蒜装蒜罐满罐蒜。

（一次性读过，就可以让其他队各交出一张植物卡放回牌阵中。）

力量牌

找另一队的一位成员比赛掰手腕，哪方获胜，哪方即可获得一次抽卡机会。另一方则损失一张植物牌或者程序牌放回牌阵中。

表演牌

（表演者不能发出声音，此牌只能自己看。）

表演三个动作：自由泳、仰泳、蛙泳，如果表演的三个动作都能被猜出来，即可获得一次抽卡机会。

密信牌

正确读出下面没有标明音调的拼音：

guanmu、zhongzi、

qiangwei、haidai、xiatian。

一次就能读对可以在别的组抽到本组的牌时，直接拿来已用。（只能用一次。）

选择牌

据估计目前世界上大约有（　　）种植物。

A. 3500种

B. 350000种

C. 350000000种

（回答正确后，即可选择别的队中任意一张程序牌。）

填空牌

绿色植物具有光和作用的能力，借助光能及（）在酶的催化作用下，利用（）（）进行光合作用，释放（），产生（）等有机物供植物利用

提供词语：氧气、二氧化碳、叶绿体、葡萄糖、水。

（全部回答正确，即可让其他两队各交出一张植物牌重新放回牌阵中。）

抢答牌

任选一题向三个队提问：
世界上最高的草—— 竹子
世界上最大的花—— 大王花
世界上最古老的树—— 云杉
世界上叶片最大的水生植物—— 王莲
世界上最硬的木头—— 铁桦树

（提问者和抢答最快的人均可获得一次抽卡机会。）

反弹牌

请把这张牌的效果反弹给别的队的队员完成这个挑战：

—— 蛙跳十个，并减少一张植物牌，放回牌阵中。

礼物牌

吟诵一首关于花的古诗，即可获得一次抽牌机会，抽到的任何卡牌，可以作为礼物送给有需要的人。

炸弹牌

抽到这张牌，会炸掉你们队伍中的一张牌。请把一张植物牌放回牌阵中。

冰冻牌

抽到这张牌，本队将在下一轮失去一次抽牌机会。在冰冻期间，任何程序牌对于此队伍都不起作用。

侦查牌

可以到场上偷看三张牌的内容。

干扰牌

在这一轮中，用这张牌，可以让另外两队抽牌者必须交换刚刚抽取的牌。

伪装牌

发配到另外两个队任意一队中充当卧底。当此队获得原队的卡片时，卧底即可携带原队的卡片归队。

洪水牌

打乱现场所有的牌的位置。

辨声牌

另外两队抽牌者，分别在你的左右两边击掌数次（每人击掌次数需在十次以内）。请你数出两人一共拍了多少下。

（猜对时即可获得一次新的抽牌机会。）

沉默牌

抽到此牌的队伍，在下一轮游戏中，所有队员都不可以说话，否则此队会损失一张植物牌。下一轮游戏过后，即可解除沉默。

侵略牌

从其他两队所拥有的植物牌中，抽取一张放回场上。

防御牌

抵挡住任意一张牌的副作用效果。（只能使用一次。）

复制牌

可以复制本队任意一张牌，只能使用一次。

揭秘牌

任选场上未被揭开的一张牌，然后告诉所有人，这张牌是什么牌。

重组牌

抽到此牌，你要马上做出新的选择：你想加入的队伍是哪个。

复活牌

当你的队伍在任何有损失植物牌的时候，都可使用复活牌来避免损失。（只能使用一次。）

大风牌

你可以用一口气吹动牌阵，所有被吹动的牌，你都可以重新打乱顺序放回牌阵。

宝藏牌

不管本队是否获胜，你都会获得本次游戏的奖章。

花落牌

所有抽到这张牌的队伍，都将牺牲这张花牌，放回牌阵中。

平衡牌

拥有植物牌最多的组必须交换一张植物牌，放回牌阵中。

拥有植物牌最少的组，还可以再抽一张牌。

玫瑰牌

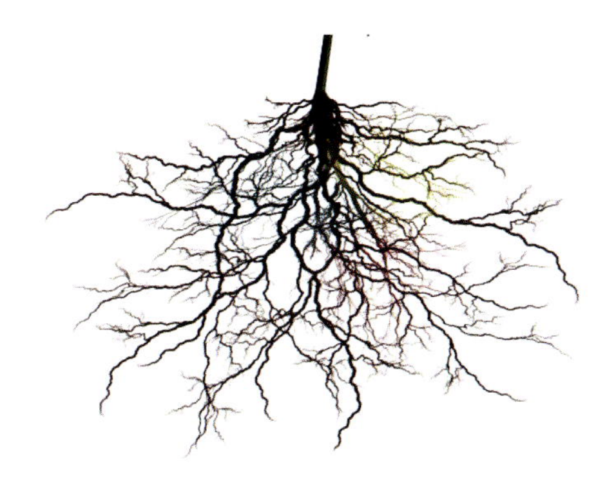

玫瑰牌

玫瑰牌

玫瑰牌

玫瑰牌

月季牌

月季牌

月季牌

月季牌

月季牌

蔷薇牌

蔷薇牌

蔷薇牌

蔷薇牌

蔷薇牌

玫瑰牌

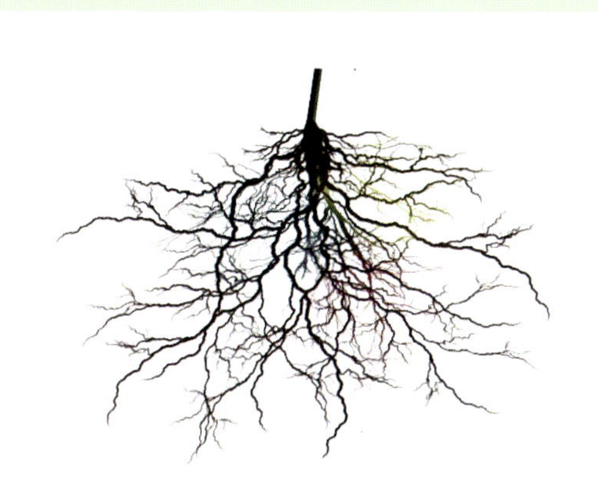

玫瑰牌

玫瑰牌

玫瑰牌

玫瑰牌

月季牌

月季牌

月季牌

月季牌

月季牌

蔷薇牌

蔷薇牌

蔷薇牌

蔷薇牌

蔷薇牌

玫瑰牌

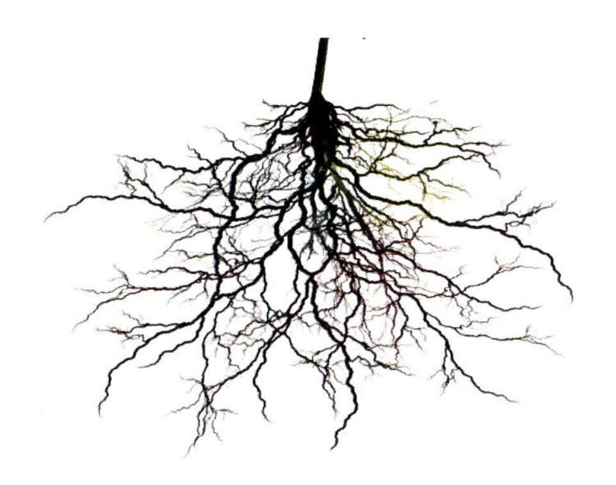

玫瑰牌

玫瑰牌

玫瑰牌

玫瑰牌

月季牌

月季牌

月季牌

月季牌

月季牌

蔷薇牌

蔷薇牌

蔷薇牌

蔷薇牌

蔷薇牌

爱护生命

语文